U0398153

青少年学Python

[希] 阿里斯提德·波拉斯（Aristides S. Bouras ）

[希] 卢卡雅·阿伊纳罗斯托（Loukia V. Ainarozidou ）　著

荣耀 程晶 译

人民邮电出版社

北　京

图书在版编目（ＣＩＰ）数据

青少年学Python / （希）阿里斯提德·波拉斯，（希）卢卡雅·阿伊纳罗斯托著；荣耀，程晶 译. -- 北京：人民邮电出版社，2018.7
（少儿学编程）
ISBN 978-7-115-48357-7

Ⅰ. ①青… Ⅱ. ①阿… ②卢… ③荣… ④程… Ⅲ. ①软件工具－程序设计－青少年读物 Ⅳ. ①TP311.561-49

中国版本图书馆CIP数据核字(2018)第086219号

版权声明

Simplified Chinese translation copyright ©2017 by Posts and Telecommunications Press
ALL RIGHTS RESERVED
Python for Tweens and Teens，by Aristides S. Bouras Loukia V. Ainarozidou
Copyright © 2016 by Aristides S. Bouras Loukia V. Ainarozidou
本书中文简体版由作者授权人民邮电出版社出版。未经出版者书面许可，对本书的任何部分不得以任何方式或任何手段复制和传播。

版权所有，侵权必究。

◆ 著　　　[希]阿里斯提德·波拉斯（Aristides S. Bouras）
　　　　　　[希]卢卡雅·阿伊纳罗斯托（Loukia V. Ainarozidou）
　　译　　　荣　耀　程　晶
　　责任编辑　陈冀康
　　责任印制　焦志炜

◆ 人民邮电出版社出版发行　　北京市丰台区成寿寺路 11 号
　　邮编　100164　　电子邮件　315@ptpress.com.cn
　　网址　http://www.ptpress.com.cn
　　北京虎彩文化传播有限公司印刷

◆ 开本：720×960　1/16
　　印张：18.75　　　　　　　　2018 年 7 月第 1 版
　　字数：334 千字　　　　　　2024 年 8 月北京第 15 次印刷

著作权合同登记号　图字：01-2018-1398 号

定价：79.00 元

读者服务热线：(010) 81055410　印装质量热线：(010) 81055316
反盗版热线：(010) 81055315
广告经营许可证：京东市监广登字 20170147 号

内 容 提 要

  Python 是一门非常流行的编程语言，不仅有着非常广泛的应用，而且由于学习门槛较低，适合中小学生和青少年学习。

  本书帮助读者利用 Python 语言进入编程世界。本书强调以计算和算法思维训练为导向，从计算机的工作原理和算法基础开始，详细介绍了 Python 编程的基础知识，进而引入了数据结构、过程式编程和面向对象编程等较为高级的话题。全书图文并茂，讲解细致，包含 100 多道已解答和 200 道未解答的练习，250 多道判断题，100 道多选题和 100 道复习题，可以帮助读者牢固地掌握所学的知识。

  本书适合任何希望使用正确的习惯和技术开始学习或教授计算机编程的人，尤其适合 10 岁以上的孩子或者他们的父母和老师教孩子学习编程。

■ 前 言

作者简介

Aristides S. Bouras

Aristides S. Bouras 出生于 1973 年。早在孩提时期，他就发现自己对计算机编程充满热爱。他在 12 岁时得到自己的第一台计算机—— 一台 Commodore 64。这台计算机拥有基于 ROM 的 BASIC 编程语言和 64KB RAM（内存）!

他获得比雷埃夫斯技术教育学院计算机工程学位、色雷斯德谟克利特大学电子和计算机工程学位。

他曾在一家专门从事工业数据流和产品标签化的公司担任软件开发人员。他的主要工作是开发数据终端的软件应用程序，以及用于在数据库服务器上收集和存储数据的 PC 软件应用程序。

他开发了许多应用程序，如仓库管理系统、公司网站以及其他组织的网站。目前他是一名高中教师，主要教授计算机网络课程、Internet/Intranet 编程工具和数据库课程。

Loukia V. Ainarozidou

Loukia V. Ainarozidou 出生于 1975 年，她 13 岁时得到了自己的第一台计算机——拥有 128KB 的 RAM（内存）和 3 英寸软盘驱动器的 Amstrad CPC 6128！

她获得比雷埃夫斯技术教育学院计算机工程学位、色雷斯德谟克利特大学电子和计算机工程学位。

她曾在一家主营业务为水果和蔬菜包装的公司担任数据后勤部门主管。如今，她是一名高中教师。她主要教授计算机网络、计算机编程和数字设计课程。

致谢

特别感谢我们的朋友和资深编辑 Victoria (Vicki) Austin 不厌其烦地回答我们所有的问题——甚至是愚蠢的问题，以及在书稿编辑中所给予的慷慨帮助。没有她，这本书就难以释放全部的潜能。她的耐心指导和宝贵的建设性意见帮助我们把这本书提升到更高的水准！

谁应该买这本书

算法思维涉及的不仅仅是学习编写代码，而是解决问题的过程，只不过其中涉及学习如何编码！本书在教授计算和算法思维时假定读者对计算机编程一无所知！

毫无疑问，Python 是一门非常流行的编程语言。本书可以帮助读者利用 Python 语言进入编程世界。本书包括很多图解，100 多道已解决和 200 道未解决的练习，250 多道判断题，100 道选择题和 100 道复习题（可以在异步社区网站上找到解答）。本书适合任何希望使用正确的习惯和技术开始学习或教授计算机编程的人，尤其适合 10 岁以上的孩子或者他们的父母和老师教孩子学习编程。

本书使用的约定

以下是对本书中使用的约定的一些说明。"约定"是指显示特定文本的标准方式。

Python 语句

本书使用了大量以 Python 语言编写的示例。Python 语句以如下字体显示：

```
This is a Python statement
```

文本段落中的关键字、变量、函数和参数

关键字、变量、函数和参数有时显示在文本段落中。如果是这样，那么这些特殊的文字会以不同于该段落其余部分的文字显示出来。例如，first_name = 5 是一个段落文本中的 Python 语句例子。

以斜体显示的特殊文字

您可能会注意到，某些特殊字词（关键字、变量、函数和参数）也以斜体显示。当看到这些以斜体显示的特殊字词时，意味着它们是一般的类型，必须用适合您的数据的具体名称加以替换。例如，一条 Python 语句可能会显示为：

```
def name (arg1, arg2):
```

这条语句是以一般形式写的，这意味着它不完整。这种一般形式只是向您展示真实的语句大致的样子。为了完成该语句，关键字 name、arg1 和 arg2 必须替换为有意义的内容。在程序中使用该语句时，可以使用如下形式显示它：

```
def display_rectangle (width, height):
```

三个小圆点（...）——省略号

在语句的一般形式中，您可能还会注意到三个小圆点（...）（即省略号），跟在一个示例参数列表之后。这些小圆点并不是语句的一部分。省略号意味着您可以在列表中声明很多参数。例如，以下一般形式语句中的省略号：

```
display_messages (arg1, arg2, ...)
```

显示该列表可能包含两个以上的参数。当在程序中具体使用这条语句时，您的语句可能像这样：

```
display_messages (message_A, message_B, message_C, message_D)
```

方括号

一些语句或函数的一般形式可能包含方括号[]，这意味着括起来的部分是可选的。例如，以下一般形式的语句：

```
subject.sort([reverse = True])
```

说明 [reverse = True] 部分可以省略。

以下两个语句会产生不同的结果，但它们在语法上都是正确的（即它们都使用了正确的语法）：

```
x.sort()
x.sort(reverse = True)
```

深色标题

这本书的大部分例子都是采用如下显示方式：

file_29_2_3

```
a = 2
b = 3

c = a + b

print(c)
```

顶部的深色标题 file_29_2_3 显示您必须打开进行试验的文件名。所有包含这种标题的示例均已免费开放在因特网上。您可以从以下地址下载它们：

http://www.epubit.com

提示

这本书经常使用提示框帮助您更好地理解一个概念的含义。提示框的样式如下：

提示

这个字样表明此处为一个提示信息。

已经了解或需要记住的内容

这本书时常帮助您回忆一些已经学过的知识（可能在前一章刚学过）。其他时候，它会指出一些您应该记住的内容。样式如下所示：

请记住！这个样式表示回忆某些知识或您应该记住的知识。

扫码看视频

资源与支持

本书由异步社区出品，社区（https://www.epubit.com/）为您提供相关资源和后续服务。

配套资源

本书提供如下资源：

- 本书源代码；
- 书中彩图文件；
- 配套视频。

要获得以上配套资源，请在异步社区本书页面中点击 配套资源 ，跳转到下载界面，按提示进行操作即可。注意：为保证购书读者的权益，该操作会给出相关提示，要求输入提取码进行验证。

提交勘误

作者和编辑尽最大努力来确保书中内容的准确性，但难免会存在疏漏。欢迎您将发现的问题反馈给我们，帮助我们提升图书的质量。

当您发现错误时，请登录异步社区，按书名搜索，进入本书页面，点击"提交勘误"，输入勘误信息，点击"提交"按钮即可。本书的作者和编辑会对您提交的勘误进行审核，确认并接受后，您将获赠异步社区的 100 积分。积分可用于在异步社区兑换优惠券、样书或奖品。

扫码关注本书

扫描下方二维码，您将会在异步社区微信服务号中看到本书信息及相关的服务提示。

与我们联系

我们的联系邮箱是 contact@epubit.com.cn。

如果您对本书有任何疑问或建议，请您发邮件给我们，并请在邮件标题中注明本书书名，以便我们更高效地做出反馈。

如果您有兴趣出版图书、录制教学视频，或者参与图书翻译、技术审校等工作，可以发邮件给我们；有意出版图书的作者也可以到异步社区在线提交投稿（直接访问 www.epubit.com/selfpublish/submission 即可）。

如果您是学校、培训机构或企业，想批量购买本书或异步社区出版的其他图书，也可以发邮件给我们。

如果您在网上发现有针对异步社区出品图书的各种形式的盗版行为，包括对图书全部或部分内容的非授权传播，请您将怀疑有侵权行为的链接发邮件给我们。您的这一举动是对作者权益的保护，也是我们持续为您提供有价值的内容的动力之源。

关于异步社区和异步图书

"异步社区"是人民邮电出版社旗下 IT 专业图书社区，致力于出版精品 IT 技术图书和相关学习产品，为作译者提供优质出版服务。异步社区创办于 2015 年 8 月，提供大量精品 IT 技术图书和电子书，以及高品质技术文章和视频课程。更多详情请访问异步社区官网 https://www.epubit.com。

"异步图书"是由异步社区编辑团队策划出版的精品 IT 专业图书的品牌，依托于人民邮电出版社近 30 年的计算机图书出版积累和专业编辑团队，相关图书在封面上印有异步图书的 LOGO。异步图书的出版领域包括软件开发、大数据、AI、测试、前端、网络技术等。

异步社区

微信服务号

目　录

第1章 计算机是如何工作的

■ 1.1 引言

现如今，几乎所有工作都需要使用计算机。在学校，学生使用计算机上网搜索、发送邮件；在工作中，人们使用计算机制作报告、分析数据并与客户通信；在家里，人们使用计算机玩游戏，连接社交网络，与世界各地的人聊天。当然，不要忘记智能手机，比如 iPhone。智能手机也属于计算机！

计算机能执行如此之多不同的任务是因为它们具有编程能力。换句话说，计算机可以执行任何程序要它执行的任务。程序是计算机执行特定任务所遵循的一组语句（通常称为指令或命令）。

程序对计算机来说是必不可少的。如果没有程序，计算机就变成了傻瓜，无法做任何事情。实际上，是程序告诉计算机做什么以及何时做。另一方面，是程序员设计、创建和测试了计算机程序。

本书使用 Python 语言介绍计算机编程的基本概念。

■ 1.2 什么是硬件

术语"硬件"是指组成计算机的所有设备或组件。如果您曾打开过计算机或笔记本电脑外壳，可能已经发现里面有许多组件，如微处理器（CPU）、内存和硬盘。计算机不是一个简单的设备，而是由多个设备一起组成的系统。典型计算机系统的基本组件包括以下几个部件。

- **中央处理器（CPU）**：这是计算机的一个重要组成部分，负责实际执行程序中定义的所有任务。

- **主存（RAM，随机存取存储器）**：这是计算机中保存程序（正被执行或运行）和程序正在处理的数据的区域。当您关闭计算机或将其从壁装电源插座拔下时，所有存储在RAM 中的程序和数据都将丢失。

- **主存（ROM，只读存储器）**：ROM 是一种特殊类型的存储器，只能由计算机读取（但不能更改）。计算机关闭时，所有存储在 ROM 中的程序和数据都不会丢失。ROM 通常包含制造商的指令以及称为引导程序的程序，后者负责在电源接通后启动计算机系统。

- **辅助存储设备**：通常是指硬盘，有时（但很少时候）是指 CD／DVD 驱动器。与主存（RAM）相反，即使计算机断电了，这种类型的存储器也可以长时间保存数据。但是，存储在这种存储器中的程序不能直接执行，必须首先转移到更快的内存即主存（RAM）中才可以。

- **输入设备**：输入设备是指从计算机外部收集数据并将其输入计算机进行处理的所有设备。键盘、鼠标和麦克风都是输入设备。

- **输出设备**：输出设备是指将数据输出到计算机外部的所有设备。显示器（屏幕）和打印机都是输出设备。

■ 1.3 什么是软件

计算机所做的一切都是由软件控制的。软件分为两类：系统软件和应用软件。

- 系统软件是控制和管理计算机基本操作的程序。例如，系统软件控制计算机的内部操作。它管理所连接的所有设备，并保存数据，加载数据，允许执行其他程序。3 种主要类型的系统软件如下：
  - 操作系统。例如 Windows、Linux、Mac OS X、Android 和 iOS 等。
  - 实用软件。这类软件通常与操作系统一起安装，用于让计算机尽可能高效地运行。杀毒和备份工具均被视作实用软件。
  - 设备驱动程序软件。设备驱动程序控制连接到计算机的设备，如鼠标或显卡。设备驱动程序就像翻译器，将操作系统的指令转换为设备实际可以理解的指令。

- 应用程序软件是指用于处理日常任务的所有其他程序，例如浏览器、文字处理程序、记事本和游戏，等等。

■ 1.4 计算机如何执行（运行）程序

当您打开计算机时，主内存（RAM）是空的。计算机要做的第一件事就是将操作系统从硬盘加载到主存（RAM）中。

操作系统被加载到主存（RAM）后，可以执行（运行）任何您希望运行的程序（应用程序软件）。通常通过点击、双击或轻触程序相应图标完成。例如，假设您点击最喜欢的视频游戏的图标，这个动作命令您的计算机将视频游戏从硬盘加载（或复制）到主存（RAM），以便 CPU 执行它。

请记住！程序存储在辅助存储设备（如硬盘）上。在计算机上安装程序时，程序将被复制到硬盘上。当我们执行程序时，程序被从硬盘复制（加载）到主存（RAM）中，程序的副本被执行。

> **提示**
> 术语"执行"和"运行"是相同的意思。

■ 1.5　编译器和解释器

计算机只能执行使用严格定义的计算机语言编写的程序。您不能使用自然语言（如英语或希腊语）编写程序，因为您的计算机无法理解这些语言！

然而一台计算机实际上能理解什么语言呢？计算机可以理解称为机器语言的特殊的低级语言。在机器语言中，所有语句（或命令）均由 0 和 1 组成。以下程序示例计算两个数字之和，用机器语言编写：

```
0010 0001 0000 0100
0001 0001 0000 0101
0011 0001 0000 0110
0111 0000 0000 0001
```

震惊吗？别担心，您不会这样写程序。希望再也没有人以这种方式编写计算机程序了。现在，所有程序员都是用"高级语言"写程序，然后用特殊的程序把它们翻译成机器语言。

提示
高级语言跟特定类型的计算机无关。

程序员使用两种类型的程序执行语言翻译：编译器和解释器。

编译器是一种程序，将用高级语言编写的语句翻译成单独的机器语言程序，随后可以随时执行该机器语言程序。执行翻译之后，不需要编译器再次翻译该程序。

解释器是一种程序，同时翻译和执行用高级语言编写的语句。当解释器读取程序中每条单独的语句时，它将其翻译成机器语言代码，然后直接执行它。对程序中的每条语句都要重复这个过程。

■ 1.6　什么是源代码

程序员用高级语言编写的语句（指令或命令）称为源代码或简称为代码。程序员首先将源代码输入到一个称为代码编辑器的程序中，然后使用编译器将其翻译成机器语言程序，或者使用解释器同时翻译和执行它。

■ 1.7　复习题：判断对错

判断以下语句的真或假。

1. 现代计算机可以执行许多不同的任务，因为它们具有许多吉字节的 RAM。

2. 计算机可以在没有程序的情况下运行。

3. 硬盘是硬件。

4. 即使计算机没有电，数据也可以长时间存储在主存（RAM）中。

5. 数据存储在主存（ROM）中，但程序不是。

6. 扬声器是输出设备。

7. Windows 和 Linux 是软件。

8. 设备驱动程序是硬件。

9. 媒体播放器是系统软件。

10. 当您打开计算机时，主存（RAM）已包含操作系统。

11. 当您打开文字处理应用程序时，它实际上是被从辅助存储设备复制到主存（RAM）中的。

12. 在机器语言中，所有语句（命令）都是由一系列的 0 和 1 组成。

13. 如今的计算机不能理解 0 和 1。

14. 如今的软件是用 1 和 0 组成的语言编写的。

15. "软件"是指计算机的物理组件。

16. 编译器和解释器是软件。

17. 编译器将源代码翻译成可执行文件。

18. 解释器可以创建机器语言程序。

19. 程序被翻译后，解释器就不再是必需的。

20. 源代码没有被编译或解释就可以被计算机执行。

21. 用机器语言编写的程序需要编译（翻译）。

22. 编译器用于编译用高级语言编写的程序。

■ 1.8 复习题：选择题

请选择正确的答案。

1. 以下哪项不是计算机硬件？

a. 硬盘

b. DVD 光盘

c. 声卡

d. 主存（RAM）

2. 以下哪项不是辅助存储设备？

a. DVD 读写器设备

b. 硬盘

c. USB 闪存驱动器

d. RAM

3. 触摸屏是_____。

a. 输入设备

b. 输出设备

c. 以上两者

4. 以下哪项不是软件？

a. Windows

b. Linux

c. iOS

d. 视频游戏

e. 网页浏览器

f. 设备驱动程序

g. 以上都是软件

5. 以下哪项陈述是正确的？

a. 程序存储在硬盘上

b. 程序存储在 DVD 光盘上

c. 程序存储在主存（RAM）中

d. 以上所有内容均正确

6. 以下哪项陈述是正确的？

a. 程序可以直接从硬盘执行

b. 程序可以直接从 DVD 光盘执行

c. 程序可以直接从主存（RAM）执行

d. 以上说法全对

e. 以上说法全错

7. 程序员无法使用_____编写计算机程序。

a. 机器语言

b. 自然语言，如英语、希腊语等

c. Python

8. 编译器是_____。

a. 将用机器语言编写的程序翻译成高级语言程序

b. 将用自然语言（英语、希腊语等）编写的程序翻译成机器语言程序

c. 将用高级语言编写的程序翻译成机器语言程序

d. 以上说法全错

e. 以上说法全对

9. 机器语言是_____。

a. 一种用于在机器之间相互通信的语言

b. 由计算机直接使用的由数字指令组成的语言

c. 使用英语单词进行操作的语言

10. 如果两条相同的语句是相邻的，则解释器_____。

a. 翻译第一条并执行它，然后翻译第二条并执行它

b. 翻译第一条，然后翻译第二条，然后执行它们俩

c. 只翻译第一条（因为它们是相同的），然后执行两次

■ 1.9 复习题

请回答以下问题：

1. 什么是硬件？

2. 列出典型计算机系统的 6 种基本组件。

3. "引导程序"是什么？

4. 计算机的哪个部分实际执行程序？

5. 计算机的哪个部分在程序运行时保存程序及其数据？

6. 计算机的哪个部分长时间保存数据，即使未通电？

7. 您将从外部世界收集数据并输入计算机的设备称为什么？

8. 列举一些输入设备。

9. 您将从计算机向外界输出数据的设备称为什么？

10. 列举一些输出设备。

11. 什么是软件？

12. 软件类别分为几种？它们的名称各是什么？

13. 文字处理程序属于哪一类软件？

14. 设备驱动程序属于哪一类软件？

15. 什么是编译器？

16. 什么是解释器？

17. 术语"机器语言"是什么意思？

18. 什么是源代码？

第2章 Python 和集成开发环境（IDE）

■ 2.1 什么是 Python

Python 是一种高级计算机编程语言，允许程序员创建应用程序、网页以及许多其他类型的软件。它是教授算法思维和编程的完美语言，对于入门级别的教学尤其如此。它被广泛用于科学和数值计算。它是一门非常灵活、强大的语言，其编码风格很容易理解。

人们已经用 Python 写了数百万甚至数十亿行代码，很多代码可以复用！这就是比起任何其他编程语言许多人更喜欢使用 Python 的原因。这也是您为什么需要学习 Python 的一个很好的理由！

■ 2.2 Python 是如何工作的

计算机无法读懂英语或希腊语等自然语言，所以我们需要使用 Python 等计算机语言与它们交流。Python 是一门非常强大的高级计算机语言。Python 解释器（实际上是编译器和解释器的组合）将 Python 语言翻译成计算机可以理解的机器语言。

■ 2.3 如何配置 Python

您可以从 Python 官方网站免费下载安装 Python。

Python 可以安装在 Windows、Linux / UNIX 和 Mac OS X 等系统中。选择适合您系统的版本并下载最新版。本书展示了如何在 Windows 系统上安装 Python。下载完成后，运行安装程序。

在出现的弹出窗口中（见图 2-1），选中"Add Python 3.6 to PATH"，然后单击"Install Now"选项。

图 2-1 "Python Setup"窗口

安装过程完成后，单击"Close"按钮。

■ 2.4 集成开发环境

集成开发环境，或者说 IDE，是一种软件，包含程序员编写和测试程序所需的所有基本工具。IDE 通常包含源代码编辑器、编译器或解释器以及调试器。IDLE 和 Eclipse 是让程序员编写和执行源代码的两种 IDE。

提示
"调试器"是一种帮助程序员查找和纠正错误的工具。

■ 2.5 IDLE

IDLE 为初学者提供了一个非常简单的开发环境，尤其适合教学场景。使用 IDLE，新手程序员可以轻松地编写和执行 Python 程序！

■ 2.6 如何设置 IDLE

您不必安装 IDLE，因为它已经安装在您的系统中。什么时候安装的？在您按照第 2.3 节中所述的步骤安装 Python 时！在第 7 章中，您将学习如何使用 IDLE 编写 Python 程序并执行它们。您还将学习很多技巧和窍门，作为新手程序员，这些对您迈出第一步是很有用的！

■ 2.7 Eclipse

Eclipse 是一个 IDE，它为许多编程语言（如 Java、C、C ++ 和 PHP）提供了一整套工具。Eclipse 允许您创建应用程序以及网站、Web 应用程序和 Web 服务。通过使用单独安装的插件，Eclipse 可以支持 Python 甚至其他语言，如 Perl、Lisp 或 Ruby。

Eclipse 不是一个简单的代码编辑器。Eclipse 可以缩进代码行、匹配单词和括号，并突出显示源代码中的错误。它还提供了自动代码生成功能，这意味着当您输入代码时，它会显示可能的代码补全列表。Eclipse 还提供了一些提示信息，帮助您分析代码并发现代码中潜在的问题。它甚至能为这些问题提供一些简单的解决方案。

Eclipse 是免费且开源的（意味着公众都可以使用它）。它在世界各地拥有大量的用户和开发者社群。

提示
我们不仅可以使用 Eclipse 编写代码，还可以直接在它的环境中执行程序。

■ 2.8 如何设置 Eclipse

首先，如果您决定使用 IDLE 而不是 Eclipse，可以跳过本节！

但是，如果您坚持要安装 Eclipse，可以从其官方网站免费下载。

Eclipse IDE 可以安装在所有支持 Java 的操作系统上，从 Windows 到 Linux、Mac OS X 系统都可以。在 Eclipse 官网上有一个下拉列表，让您选择所需的平台（Windows、Linux 或 Mac OS X），请选择与您的计算机匹配的平台。本书展示了在 Windows 平台上安装 Eclipse 的过程。

从 eclipse.org 上提供的所有"Package Solutions"中，选择并下载"Eclipse IDE for Java Developers"。不要担心，您不用去学习 Java！下载完成后，将相应的文件解压到"C:\"。

找到文件"C:\eclipse\eclipse.exe"并执行它。

提示

最好创建一个指向"C:\eclipse\eclipse.exe"的桌面快捷方式，以方便访问。

提示

Eclipse 主要使用 Java 语言编写。在安装过程中，您可能会收到以下消息。这意味着在您的系统上没有找到 Java 虚拟机（JVM）。

提示

可以从 Java 官方网站免费下载 Java 虚拟机（JVM）。

Eclipse 运行后出现的第一个窗口提示您选择工作区目录（文件夹）。您可以保持建议的文件夹不变，并勾选"Use this as the default and do not ask again"，如图 2-2 所示。

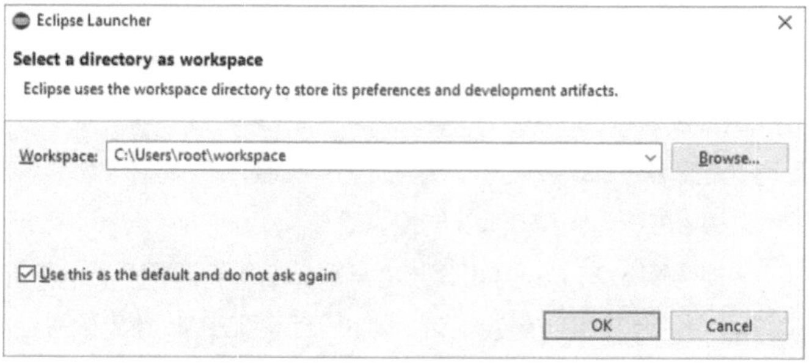

图 2-2　选择工作区文件夹（目录）

提示

您计算机上的建议文件夹可能与图 2-2 中的不同，这取决于您安装的 Eclipse 或 Windows 的版本。

当打开 Eclipse 环境时，它应该如图 2-3 所示。

图 2-3　Eclipse IDE

到了配置 Eclipse 让它支持 Python 的时候了。从主菜单中选择"Help → Eclipse Marketplace"，在弹出的窗口中，搜索关键字"PyDev"，如图 2-4 所示。找到插件"PyDev – Python IDE for Eclipse"，然后单击"Install"按钮。

在下一个窗口中，选中所有功能并单击"Confirm"按钮。当弹出许可协议窗口时（见图 2-5），您必须阅读并接受其条款，然后单击"Finish"按钮。

在安装过程中，您可能会收到一条提示，询问您是否信任"Brainwy Software"证书，如

图 2-6 所示。您必须勾选相应的选项，然后单击"OK"按钮。

图 2-4　Eclipse Marketplace

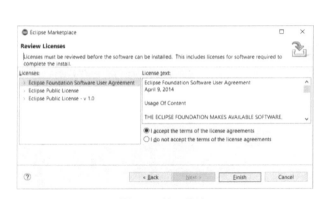

图 2-5　许可协议

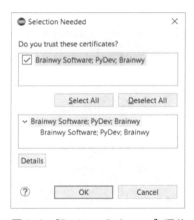

图 2-6　"Brainwy Software"证书

安装完成后，系统将提示您重新启动 Eclipse 让更改生效。单击"Yes"按钮。

Eclipse 已经正确配置！到了征服 Python 世界的时刻了！

■ 2.9　复习题

请回答以下问题：

1. 什么是 Python ？
2. Python 有哪些可能的用途？
3. 什么是集成开发环境（IDE）？
4. 什么是 IDLE 和 Eclipse ？

第3章 基础算法概念

■ 3.1 什么是算法

从技术上讲，算法 [①] 是一个有着良好定义的语句（指令或命令）的有限序列。该有限序列有着严格的定义，为特定问题提供了解决方案。换句话说，算法是一步步解决一个给定的问题的过程。术语"有限"意味着算法一定会执行到终点，不会永远执行。

在现实生活中的任何地方您都可以找到算法的存在，而不仅仅是在计算机科学中。例如，制作吐司或一杯茶的过程可以用算法表示，您必须按照特定的顺序执行某些步骤，以实现您的目标。

■ 3.2 制作一杯奶茶的算法

以下是制作一杯奶茶的算法：

（1）把茶袋放在杯子里。

（2）向水壶中灌满水。

（3）将水煮沸。

（4）往杯子里倒适量开水。

（5）往杯子里加牛奶。

（6）往杯子里加糖。

（7）搅拌。

（8）喝茶。

正如您所看到的，您必须遵循一些明确的步骤。这些步骤是按照特定的顺序进行的，尽管某些步骤可能会被重新排列。例如，步骤（5）和步骤（6）可以颠倒过来，您可以先加糖，然后再加牛奶。

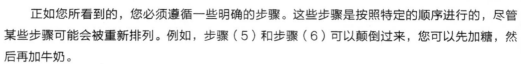

提示

请记住，有些步骤的顺序可能可以改变，但不能将它们移动到离它们本来的位置太远的地方。例如，不能将步骤（3）（"将水煮沸"）移动到算法的末尾，这样的话您最终会喝到一杯凉茶，而这完全不同于您的初始目标。

---

① "algorithm"一词源于"algorism"和希腊语"arithmos"。希腊语"arithmos"含义为"number（数值）"。

■ 3.3 什么是计算机程序

计算机程序只不过是一种用计算机可以理解的语言（如 Python、Java、C ++ 或 C # ）编写的算法。

计算机程序无法真的为您制作一杯茶或烹饪晚餐，尽管算法可以引导您自己通过这些步骤来实现。但是，程序可以（举例来说）用来计算一组数字的平均值，或者找出其中的最大值。人工智能程序甚至可以下棋或解决逻辑谜题。

■ 3.4 3 个参与者

一个算法总是有 3 个参与者———个写算法、一个执行算法，另一个使用或享用算法。

举个例子，让我们来看看一个用于准备一顿美食的算法。有人写算法（食谱的作者），有人执行算法（可能是您的母亲，根据食谱上的步骤准备美食），有人使用算法（可能是您，美食的享用者）。

现在让我们思考一个真正的计算机程序。以电子游戏为例，有人（程序员）使用计算机语言编写算法，某人或某物执行算法（通常是笔记本电脑或台式机），其他人则使用或享用算法（游戏玩家 / 用户）。

值得一提的是，有时术语"程序员"与术语"用户"会被混淆。当您编写一个计算机程序时，那段时间您是"程序员"。然而，当您使用自己的程序时，您就成了"用户"。

■ 3.5 创建算法的 3 个主要阶段

创建算法涉及 3 个主要阶段：数据输入、数据处理和结果输出。这个次序是明确的，不能更改。

让我们考虑一个计算 3 个数字平均值的计算机程序。首先，程序必须提示（要求）用户输入数字（数据输入阶段）；接下来，程序必须计算数字的平均值（数据处理阶段）；最后，程序必须在计算机屏幕上显示结果（结果输出阶段）。

让我们更细致地来看看这些阶段。

第一阶段：数据输入

提示用户输入一个数字。

提示用户输入第二个数字。

提示用户输入第三个数字。

第二阶段：数据处理

计算 3 个数字的总和。

将总和除以 3。

第三阶段：结果输出

在屏幕上显示结果。

13

在一些罕见的情况下，输入阶段可能不存在，计算机程序可能只包括两个阶段。例如，考虑写一个计算机程序计算以下数字的总和：

$$1 + 2 + 3 + 4 + 5$$

在这个例子中，用户完全不用输入任何值，因为计算机程序确切地知道该做什么。它必须计算数字 1 ~ 5 的总和，然后在用户的计算机屏幕上显示值 15。这里显示了两个所需的阶段（数据处理和结果输出）。

第一阶段：数据输入

什么都不用做。

第二阶段：数据处理

计算 1 + 2 + 3 + 4 + 5 的总和。

第三阶段：结果输出

在屏幕上显示结果。

然而，如果您想让用户决定这个求和的上限，该如何做呢？如果您想让用户决定是将数字 1 ~ 10 还是数字 1 ~ 20 相加，又该如何做呢？在这些情况下，程序必须在程序的开始部分包含一个输入阶段，以便让用户输入上限。一旦用户输入上限，计算机就可以计算出结果。以下显示了 3 个所需的阶段。

第一阶段：数据输入

提示用户输入一个数字。

第二阶段：数据处理

计算总和 1 + 2 +…（直至加到用户输入的上限数值）。

第三阶段：结果输出

在屏幕上显示结果。

例如，如果用户输入数字 6 作为上限，则计算机将计算 1 + 2 + 3 + 4 + 5 + 6 的结果。

■ 3.6 什么是"保留字"

在计算机语言中，保留字（关键字）是有着严格预定义含义的单词——它被保留用于特殊用途，而不能用于任何其他用途。例如，Python 中的 if、while、elif 和 for 中都有预定义的含义，它们不能用于任何其他用途。

> **提示**
>
> 保留字存在于所有的高级计算机语言中。然而，每一门语言都有自己的保留字。
>
> 例如，Python 中的保留字 elif 在 C++、C#、PHP 和 Java 中写成 else if。

■ 3.7 您的第一个 Python 程序

Python 程序不过是一个包含 Python 语句的文本文件。您甚至可以在自己的文本编辑器应用中编写 Python 程序！ 但请记住，使用 IDLE 或 Eclipse 编写 Python 程序是更好的方式，因为它们包含的所有功能都可以使您的工作变得更轻松。

以下是一个非常简单的 Python 程序，只是在屏幕上显示 3 条信息：

```python
print("Hello World!")
print("Hello people.")
print("The End")
```

提示

Python 源代码默认以 .py 文件扩展名保存在硬盘上。

■ 3.8 语法错误、逻辑错误和运行时错误有什么区别

当程序员用高级语言编写代码时，可能会出现 3 种类型的错误：语法错误、逻辑错误和运行时错误。

语法错误包括拼写错误的关键字、缺少标点符号或缺少右括号等错误。一些 IDE（如 Eclipse）在输入代码时会检测到这些错误，并用红色的波浪线标出错误的语句。如果您尝试执行包含语法错误的 Python 程序，则屏幕上将显示错误消息，程序将不会执行。您必须纠正所有错误，然后再次尝试执行该程序。

逻辑错误是一种会阻止程序执行您期望的操作的错误。发生逻辑错误时，您根本得不到任何警告信息。您的代码可以编译并运行，但结果并不是预期的那样。逻辑错误很难被发现。您必须彻查程序，以找出发生错误的位置。例如，考虑一个提示用户输入 3 个数值，然后计算并显示它们的平均值的 Python 程序。然而，在这个程序中，程序员犯了一个输入错误（即打字错误），他（或她）编写的一条语句将这 3 个数值的总和除以 5 而非原本的 3。当然，Python 程序正常执行，没有任何错误信息，提示用户输入 3 个数值并显示结果，但结果显然是错误的！找到并纠正 Python 语句的输入错误是程序员而非计算机或解释器的责任！计算机毕竟没有那么聪明！

运行时错误是程序执行期间发生的错误。运行时错误会导致程序突然终止，甚至导致系统关闭。这样的错误是最难以检测的。在执行程序之前，没有办法确定这个错误是否会发生。不过，我们可以推测它可能发生！例如，内存不足或除零会导致运行时错误。

提示

逻辑错误可能成为引起运行时错误的原因！

提示

逻辑错误和运行时错误通常被称为 bugs，在软件发布之前，它们常常在调试过程中被发现。如果在软件公开发布后发现运行时错误，程序员通常会发布补丁或小更新，以便修复错误。

■ 3.9 "调试"是什么意思

调试是发现和减少计算机程序中的缺陷（bug）数量使其按预期执行的过程。关于术语"调试"的起源有个趣事。1940 年，当 Grace Murray Hopper[1] 在哈佛大学的 Mark II 计算机上工作时，她的同事发现有一只虫子（蛾子）卡在继电器（电动开关）中。这个虫子阻碍了 Mark II 计算机的正常运行。所以，当她的同事试图移走这个虫子时，Grace Murray Hopper 说他们正在"（debugging）调试"系统！

■ 3.10 为您的代码添加注释

当您编写一个小且简单的程序时，任何人都可以通过逐行阅读理解它是如何工作的。 然而，一个长的程序则难以理解，有时甚至连写这些程序的人自己都无法理解。

注释是包含在程序中使程序更容易阅读和理解的信息。使用注释，您可以给程序添加解释和其他信息，包括：

- 谁编写了这个程序；
- 程序被创建或最近被修改的时间；
- 程序的作用；
- 程序是如何工作的。

提示

注释是为读者理解代码而进行添加的。编译器和解释器会忽略注释。

然而，我们不应该对程序添加过多的注释，没有必要解释每一行程序，只在程序中难以理解的特定部分添加注释即可。

在 Python 中，可以使用哈希字符（ # ）添加注释，如下所示：

```
#Created By Bouras Aristides
#Date created: 12/25/2003
#Date modified: 04/03/2008
#Description: This program displays some messages on the screen
```

---

[1] Grace Murray Hopper（1906—1992）是美国的计算机科学家和海军上将。她是哈佛 Mark I 计算机的第一批程序员之一，开发了计算机编程语言 A-0 的第一款编译器，开发的第二款编译器称为 B-0 或 FLOW-MATIC。

```
print("Hello Zeus!")   #display a message on the screen

#display a second message on the screen
print("Hello Hera!")

#This is a comment            print("The End")
```

正如您在前面的程序中看到的那样，您可以在语句的上面或者末尾添加注释，但不能在语句的前面添加注释。看看最后一条语句，本来以为该语句应该显示消息"The End"，然而由于该语句被认为是注释的一部分，因此永远不会被执行。

> **提示**
> 当程序运行的时候，注释对用户是不可见的。

■ 3.11 复习题：判断对错

判断以下语句的真假。

1. 准备美食的过程实际上是一种算法。
2. 算法仅在计算机科学中使用。
3. 算法可以永远执行。
4. 在算法中，您可以将一个步骤重新定义在任何希望的位置。
5. 计算机可以下棋。
6. 算法总是可以变成计算机程序。
7. 编程是创建一个计算机程序的过程。
8. 计算机程序中总是有三方参与者：程序员、计算机和用户。
9. 程序员和用户有时可以是同一个人。
10. 计算机程序可能不会输出任何结果。
11. 保留字是指那些具有严格预定义含义的单词。
12. 拼写错误的关键字被认为是逻辑错误。
13. 程序即使包含逻辑错误也可以被执行。
14. 逻辑错误会在编译期间被捕获。
15. 运行时错误会在编译期间被捕获。
16. 语法错误是最难检测的错误。
17. 输出错误结果的计算三角形面积的程序包含逻辑错误。
18. 程序不包含输出语句时，则包含语法错误。
19. 程序中必须包含注释。

20. 如果给程序添加注释，那么计算机可以更容易地理解程序。

21. 您可以在程序中的任何位置添加注释。

22. 对于程序的用户来说，注释是不可见的。

■ 3.12 复习题：选择题

选择正确的答案。

1. 算法是有着良好定义的语句的有限序列，这种有限序列有着严格的定义，它可以_____。

a. 为一个问题提供解决方案

b. 为您做一顿饭

c. 以上都不是

2. 计算机程序是_____。

a. 一个算法

b. 一系列指令

c. 以上都是

d. 以上都不是

3. 当一个人准备美食时，他或她是_____。

a. "程序员"

b. "用户"

c. 以上都不是

4. 以下哪项不属于创建算法的 3 个主要阶段？

a. 数据制造

b. 数据输入

c. 结果输出

d. 数据处理

5. 以下哪条语句包含语法错误？

a. `print(Hello Poseidon)`

b. `print("It's me! I contain a syntax error!!!")`

c. `print("Hello Athena")`

d. 以上都不是

6. 下列哪个 print( ) 语句真正被执行了？

a. `#print("hello Apollo")   #This is executed`

b. `#This is executed  print("Hello Ares")`

```
c. print("Hello Aphrodite")   #This is executed
```

d. 以上都不是

■ 3.13 复习题

请回答以下问题：

1. 什么是算法？

2. 给出制作一杯咖啡的算法。

3. 算法可以永远执行吗？

4. 什么是计算机程序？

5. 算法中涉及的三方参与者是哪些？

6. 组成计算机程序的 3 个阶段分别是什么？

7. 计算机程序能由两个阶段组成吗？

8. 术语"保留字"的含义是什么？

9. 什么是语法错误？请举例说明。

10. 什么是逻辑错误？请举例说明。

11. 什么是运行时错误？请举例说明。

12. 什么类型的错误是由关键字拼写错误、缺少标点符号或缺失左括号引起的？

13. 术语"调试"是什么意思？

14. 为什么程序员要在他或她的代码中添加注释？

第4章　变量与常量

■ 4.1　什么是变量

在计算机科学中，变量是计算机主存储器（RAM）中的一个位置，程序在执行时可以在此位置存储值并对其进行更改。

设想将一个变量看成一个透明的盒子，您可以一次在里面放入一个物品。由于该盒子是透明的，您可以看到盒子里的物品。另外，如果您有两个或更多的盒子，您可以给每个盒子起一个唯一的名字。例如，您有3个盒子，每个盒子容纳一个不同的数值，您可以将盒子命名为numberA、numberB 和 numberC。

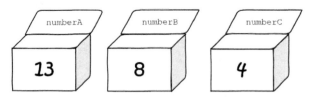

在这个例子中，numberA、numberB 和 numberC 盒子里分别包含数字 13、8 和 4。当然，您可以在任何时刻检查或更改每一个盒子包含的值。

现在让我们假设有人要求您计算前两个盒子的值的总和，然后将结果存储在最后一个盒子中。您必须遵循的步骤如下：

（1）查看前两个盒子并检查它们包含的值。

（2）使用您的 CPU（这是您的大脑）计算总和（结果）。

（3）将结果（即值 21）放入最后一个盒子中。然而，由于每个盒子一次只能包含一个值，因此值 4 实际上被值 21 取代。

盒子现在看起来是这样：

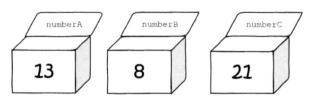

在实际的计算机科学中，这 3 个盒子实际上是主存（RAM）中 3 个单独的区域，分别命名为numberA、numberB 和 numberC。您可以将它们想象成如下的样子：

当程序指示 CPU 将 numberA 和 numberB 相加并将结果存储到 numberC 中时，将按照与上例中相似的 3 个步骤进行。

（1）数字 13 和 8 从 RAM 中名为 numberA 和 numberB 区域传送到 CPU。

（这是第一步，您检查了前两个盒子中包含的值。）

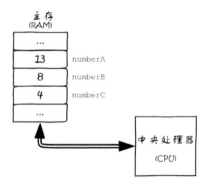

（2）CPU 计算 13 + 8 的和。

（这是第二步，您用您的大脑来计算总和或结果。）

（3）将结果 21 从 CPU 传送到 RAM 中名为 numberC 的区域，替换现有的数值 4。

（这是第三步，将结果放入最后一个盒子中。）

程序执行后，RAM 看起来如下：

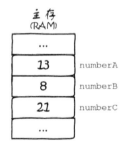

请记住！当一个Python程序正在运行时，变量可以保存不同的值，但是一次只能保存一个值。当您给变量赋值时，该值将一直被保存直到您赋一个新值替换原来的值。

变量是计算机科学中最重要的元素之一，因为它可以帮助您与存储在主存储器（RAM）中的数据进行交互。不久，您将学习如何在 Python 中使用变量。

■ 4.2 变量类型

大多数计算机语言中存在许多不同类型的变量。变量类型之所以具有多样性，是因为每种变量可以容纳的数据具有不同的类型。大多数情况下，变量包含以下类型的数据。

- **整数**：整数是没有任何小数部分的正数或负数，如 5、135、0、−25 和 −5 123。
- **实数**：实数是包含小数部分的正数或负数，例如 7.56、5.0、3.14 和 −23.789 76。实数也称为浮点数。
- **布尔**[①]：一个布尔变量只能保存 True 或 False 这两个值之一。
- **字符**：字符是包含字符和数字的值（字母、符号或数字），并且总是用单引号或双引号括起来，如 "a" "c" "Hello Zeus" "I am 25 years old" 或 "Peter Loves Jane for Ever"。在计算机科学中，字符序列也被称为字符串。

---

① George Boole（1815—1864）是英国数学家、哲学家和逻辑学家。他因缔造布尔代数（今天称为布尔逻辑）而闻名。布尔逻辑是现代数字计算机的根基。

■ 4.3 Python 中的变量命名规则

当您为变量选择一个名称时，必须遵循一定的规范。

- 变量的名称只能包含英文大写或小写字符，数字和下画线字符（_）。例如 firstName，last_name1 和 age。

- 变量名称区分大小写，这意味着大小写字符之间有明显的区别。例如 myVAR、myvar、MYVAR 和 MyVar 实际上是 4 个不同的变量。

- 不允许有空格字符。如果一个变量由多个单词组成，可以使用下画线字符（_）将这些单词连接在一起。例如，student age 是错误的变量名称。您可以使用 student_age 或 studentAge 作为变量名称。

- 有效的变量名可以以字母或下画线开头。使用数字也是允许的，但不能在变量名称的开头使用。例如，变量名 1student_name 是不正确的。您可以使用像 student_name1 或者 student1_name 这样的写法。

- 通常基于能够描述变量所含数据的含义和作用为之命名。例如，保存温度值的变量可能被命名为 temperature、temp 或者 t。

■ 4.4 "声明一个变量"是什么意思

声明是在主存储器（RAM）中保留一部分用于存储变量内容的过程。在许多高级计算机语言中，程序员必须编写特定的语句在 RAM 中保留该部分。在大多数情况下，他们甚至需要指定变量类型，以便编译器或解释器确切知道需要预留多少空间。

以下是一些示例，展示了在不同的高级计算机语言中如何声明变量：

声明语句	高级计算机语言
`Dim sum As Interger`	Visual Basic
`int sum;`	C#、C++、Java 以及其他一些语言
`sum: Interger;`	Pascal、Delphi
`var sum;`	JavaScript

在 Python 中，不需要声明变量。首次使用变量时会自动声明。例如：

```
number1 = 0
```

这条语句声明变量 number1 并将其初始化为 0。

■ 4.5 复习题：判断对错

判断以下语句的真假。

1. 变量是计算机辅助存储设备中的一个位置。
2. 程序执行时，变量可以改变其内容。
3. 值 10.5 是一个整数。
4. 布尔变量只能保存两个值中的一个。
5. 用双引号括起来的值"10.0"是一个实数。
6. 变量的名称可以包含数字。
7. 程序执行时，变量可以改变它的名字。
8. 变量的名称不能是数字。
9. 变量的名称必须始终是描述性的。
10. student name 不是有效的变量名称。
11. 在 Python 中，变量的名称可以包含大写字母和小写字母。
12. 在 Python 中，不需要声明一个变量。
13. 一个 Python 程序必须至少使用一个变量。

■ 4.6 复习题：选择题

为以下每句陈述选择正确的答案。

1. 变量是_____中的一个位置。

a. 硬盘

b. DVD 光盘

c. USB 闪存驱动器

d. 以上都是

e. 以上都不是

3. 下列哪个值是整数？

a. 5.0

b. –5

c. "5"

d. 以上都不是

2. 一个变量可以_____。

a. 一次存储一个值

b. 一次存储多个值

c. 以上都对

d. 以上都不对

4. 一个 Boolean 变量可以存储以下值：

_____。

a. One

b. "True"

c. True

d. 以上都不是

5. 在 Python 中，字符串是_____。

a. 用单引号括起来

b. 用双引号括起来

c. 以上都可以

6. 下列哪一个不是有效的 Python 变量名？

a. `city_name`

b. `cityName`

c. `Cityname`

d. `city-name`

■ 4.7 巩固练习

完成以下练习：

1. 将第一列中的每个元素与第二列中的对应元素进行匹配。

值	数据类型
1. "True"	a. Boolean
2. 123	b. Real
3. False	c. String
4. 10.0	d. Integer

2. 将第一列中的每个元素与第二列中的对应元素进行匹配。

值	数据类型
1. 一个人的名字	a. Boolean
2. 一个人的年龄	b. Real
3. 5/2 的结果	c. Integer
4. 是或否	d. String

■ 4.8 复习题

请回答以下问题：

1. 什么是变量？

2. 变量存储在计算机的哪个部分？

3. "声明一个变量"是什么意思？

第5章 处理输入和输出

■ 5.1 使用什么语句将消息和结果输出到用户的屏幕

Python 使用保留字 print 将信息或最终结果显示到用户的屏幕上。

以下语句：

```
print("Hello World")
```

将消息"Hello World"（不带双引号）显示到用户的屏幕上。

print() 语句也可以打印两个值（也称为"参数"），只要用逗号分隔它们即可。代码如下：

```
name = "Aphrodite"
print(name, "was the Greek goddess of beauty!")
```

运行程序显示如图 5-1 所示的消息。

如果您现在猜测在 print() 语句中可以有两个以上的参数，那么您的感觉是正确的！下面的例子：

```
name1 = "Hera"
name2 = "Zeus"
print(name1, "was the wife of", name2, "and the Queen of Olympus")
```

显示 4 个值，如图 5-2 所示。

图 5-1 显示在屏幕上的两个参数

图 5-2 显示在屏幕上的 4 个参数

提示

如果您希望在屏幕上显示一个字符串，那么该字符串必须在单引号或双引号中。但是，如果您想显示字符串变量的内容，绝对不可以给该变量添加单引号或双引号。

您也可以直接在 print() 语句中计算数学表达式的结果。以下语句：

```
print("The sum of 5 and 6 is", 5 + 6)
```

显示的消息如图 5-3 所示。

25

图 5-3 显示在屏幕上的表达式的结果

■ 5.2 如何修改 print 语句的默认行为

正如您可能已经注意到的那样，Python 自动在参数之间输出一个空格。以下语句：

```python
print("Morning", "Evening", "Night")
```

显示如图 5-4 所示的内容。

注意，以下 3 条语句产生相同的输出结果，如图 5-5 所示。

```python
print("Morning", "Evening", "Night")
print("Morning", "Evening", "Night")
print("Morning",   "Evening",   "Night")
```

图 5-4 输出结果在参数之间显示一个空格

图 5-5 输出结果总是在参数之间显示一个空格

如果您希望自定义分隔符，那么需要为参数 sep 指定一个值，如下所示：

```python
print("Morning", "Evening", "Night", sep = "#")
```

输出结果如图 5-6 所示。

现在仔细看下面的例子：

```python
a = "Ares"
print("Hello", a)
print("Halo", a)
print("Salut", a)
```

Python 中的 print() 语句会在最后一个参数（变量 a）后自动打印一个"换行符"。因此，这 3 条消息将分行显示，如图 5-7 所示。

图 5-6　带有自定义分隔符的输出结果

图 5-7　输出结果分 3 行显示

您可以通过自定义结束参数的值改变此行为，如下所示：

```
a = "Ares"
print("Hello", a, end = " - ")
print("Halo", a, end = " - ")
print("Salut", a)
```

输出结果如图 5-8 所示。

也可以使用特殊的字符序列"\n"打印换行符，如下所示：

```
print("Hello Ares\nHalo Ares\nSalut Ares")
```
输出结果如图 5-9 所示。

图 5-8　输出结果显示在一行上

图 5-9　输出结果显示成 3 行

另一个有趣的字符序列是制表符字符"\t"，它可以用来输出一个"制表位"。制表符用于对齐输出。

```
print("John\tGeorge")
print("Sofia\tMary")
```

输出结果如图 5-10 所示。

当然，您可以用单条语句获得相同的结果：

```
print("John\tGeorge\nSofia\tMary")
```

图 5-10　输出结果显示制表符

■ 5.3　用户输入及提示

您还记得创建算法或计算机程序涉及的 3 个主要阶段（参见第 3.5 节）吗？ 在第一阶段（数

据输入），计算机提示用户输入数字、姓名、地址或出生日期等数据。在 Python 中，使用 input() 语句进行数据输入。以下示例提示用户输入他或她的名字，然后显示一条信息：

```
name = input("What is your name? ")
print("Hello", name)
```

当执行 input() 语句时，信息"What is your name?"就会显示（不带双引号），且执行流程停止，等待用户输入其名字。print() 语句尚未执行！ 只要用户不输入任何内容，计算机就一直等待！ 当用户最后输入名字并按下 Enter 键时，执行流程继续执行下一个 print() 语句。

要读取浮点数，即包含小数部分的数字，则需要使用稍微不同的语句。以下示例提示用户输入某种产品的价格：

```
product_price = float(input ("Enter product price: "))
```

以下示例提示用户输入产品的名称和价格：

```
product_name = input("Enter product name: ")
product_price = float(input("Enter product price: "))
```

如果您需要读取一个整数（即没有小数部分的数字），则必须使用另一条语句。以下示例提示用户输入他或她的年龄：

```
age = int(input("What is your age? "))
```

下面的代码片段提示用户输入他或她的名字和年龄，然后显示一条信息：

```
name = input("What is your name? ")
age = int(input("What is your age? "))
print("Wow, you are already", age, "years old,", name, "!")
```

在本书中，"提示"和"让"这两个词之间存在细微差别。当一个练习表示"编写一个提示用户输入……的 Python 程序"时，这意味着程序必须包含一个提示信息。然而，当练习表示"编写一个让用户输入……的 Python 程序"时，这意味着程序实际上不需要包含提示信息；也就是说，包括一个提示信息是没有错的，但不是非这样不可！ 以下示例让用户输入他或她的姓名和年龄（但不提示他们）：

```
name = input()
age = int(input())
print("Wow, you are already", age, "years old,", name, "!")
```

在这种情况下计算机会显示一个文本光标，没有任何提示信息，并等待用户输入两个值：一个提供给 name，一个提供给 age。但是，用户必须是"先知"，并猜测到要输入什么！ 他需要先输入他的名字，然后是他的年龄，还是相反的操作？ 所以，很显然提示信息是非常必要的，因为它使您的程序更加"用户友好"。

提示

什么是"用户友好"的程序？即让用户感觉其像朋友而不是敌人，对于新用户来说容易上手使用的程序。如果你希望编写用户友好的程序，你必须站在用户的角度。用户希望花最少的精力让计算机按他们的要求进行工作。隐藏菜单、不明确的标签和指示以及误导性的错误消息都会导致程序变得不够用户友好。

■ 5.4　复习题：判断对错

判断以下语句的真假。

1. 在 Python 中，print 一词是一个保留字。

2. print() 语句可以用来显示消息或变量的内容。

3. 执行 input() 语句时，执行流程会中断，直到用户输入一个值。

4. 一个单独的 input() 语句可以用来输入多个数据值。

5. 输入数据前，必须始终显示提示信息。

■ 5.5　复习题：选择题

选择正确的答案。

1. **语句 Print（"Hello"）显示：＿＿＿＿＿。**

a. 文字"Hello"（不含双引号）

b. 文字"Hello"（含有双引号）

c. 变量 Hello 的内容

d. 以上都不是

2. **语句 print（"Hello\nHermes"）显示：＿＿＿＿＿。**

a. "Hello\nHermes"（不含双引号）

b. 一行显示"Hello"，下一行显示"Hermes"（不含双引号）

c. "HelloHermes"（不含双引号）

d. "Hello\nHermes"（不含双引号）

e. 以上都不对

3. 语句 data1_data2 = input() 表示_____。

a. 让用户输入一个值并将其赋值给变量 data1，变量 data2 保持空值。

b. 让用户输入一个值并将其赋值给变量 data1_data2。

c. 让用户输入两个值并将它们赋值给变量 data1 和 data2。

d. 以上都不是

■ 5.6 复习题

1. Python 中使用什么语句显示信息？

2. 在 Python 中使用什么特殊的字符序列输出换行符？

3. 在 Python 中使用什么特殊的字符序列输出制表符？

4. Python 中使用什么语句让用户输入数据？

5. 如果新手用户可以轻松地使用一个程序，则称该程序"用户友好"。

6. 为什么程序员应该编写用户友好的程序？

扫码看视频

第6章　运算符

■ 6.1　赋值运算符

Python 中最常用的运算符是赋值运算符（＝）。例如，Python 语句：

```
x = 5
```

表示将 5 赋值给变量 x。

但是要注意！（＝）符号不等同于数学中使用的符号。在数学中，以下两行是等价的，都是正确的：

```
x = 5
5 = x
```

第一行可以理解为"x 等于 5"，第二行理解为"5 等于 x"。

但是在 Python 中，这两条语句不等价。在 Python 中，x = 5 的语句是正确的，可以理解为"将 5 赋给 x"或"设置 x 等于 5"。但是语句 5 = x 是错误的！ Python 不能将 x 的值赋给 5！

请记住！在 Pyhton 中，位于（＝）符号左侧的变量表示主存储器（RAM）中一个可存储值的区域。因此，在左侧必须存在一个变量！ 然而，在右侧可以有一个数字、变量、字符串，甚至是一个复杂的数学表达式。

在表 6-1 中列举了一些赋值的例子。

表 6-1　　　　　　　　　　　　　　　　　赋值举例

赋值语句	语句说明
a=9	将 9 赋给变量 a
b=c	将变量 c 的内容赋值给变量 b
d="Hello Zeus"	将字符串"Hello Zeus"（不带双引号）赋值给变量 d
d=a+b	计算变量 a 和 b 的内容的总和，然后将结果赋值给 d
x=a+1	计算变量 a 的内容与 1 的和，然后将结果赋值给变量 x。注意，变量 a 的内容并没有改变
x=x+1	计算变量 x 的内容和 1 的和，然后将结果赋值给 x。换句话说，将变量 x 的值加 1

对最后一个例子感到困惑？现在想起您的数学老师了吗？如果您在黑板上写了 x = x + 1，他／她会说什么？您自己认为一个数字等于它自身加 1 吗？确定不是开玩笑？因为这意味着 5 等于 6，10 等于 11 ！

显然，计算机科学中的情况有别于此。语句 x = x + 1 是完全可以被接受的！ 它指示 CPU 从主存储器（RAM）中检索变量 x 的值，将该值增加 1，并将结果赋值给变量 x。变量 x 的旧值被一个新值替换。

现在您明白事情的来龙去脉了，让我们看看其他的。在 Python 中，您可以使用一条语句将单个值赋给多个变量。以下语句：

```
a = b = c = 4
```

表示将值 4 赋值给变量 a、b 和 c。

在 Python 中，您也可以使用一条语句将多个值赋值给多个变量。这就是所谓的多变量赋值。以下语句：

```
a, b, c = 2, 10, 3
```

表示将 2 赋值给变量 a，将 10 赋值给变量 b，将 3 赋值给变量 c。

■ 6.2 算术运算符

就像每一种高级编程语言一样，Python 几乎支持所有类型的算术运算符，如下所示。Python 可以进行加法、减法、乘法和除法，以及其他我们目前不打算探讨的数学运算。

算术运算符	说明
+	加
−	减
*	乘
/	除
**	幂

前两个运算符很简单，不需要进一步解释。

如果需要将两个数字或两个变量的内容相乘，必须使用星号（*）。例如，如果想将 2 乘以 y，必须写 2 * y。同样，要进行除法操作，必须使用斜线（/）符号。例如，如果想把 10 除以 2，必须写成 10/2。

提示

另外一个在数学上是合法（但在 Python 中则不然）的写法是忽略乘法运算符，写成 3y，意思是"3 倍的 y"。然而，在 Python 中，您必须总是在任何一个乘法操作存在的地方使用星号。这是新手程序员在 Python 中编写数学表达式时最常见的错误之一。

幂运算符（**）左边的数字取的次方值即右边数的大小。例如，运算：

```
f = 2 ** 3
```

表示计算 2 的 3 次方（2^3），然后将 8 赋值给变量 f。

在数学中，正如您可能已经知道的那样，可以使用括弧（圆括号）以及大括号（花括号）和方括号。

$$y = 5\left\{3 + 2\left[4 + 7\left(6 - \frac{4}{3}\right)\right]\right\}$$

然而，在 Python 算式中，不存在大括号和中括号，只有圆括号，因此，必须使用圆括号而不是大括号或中括号编写相同的表达式。

```
y = 5 * (3 + 2 * (4 + 7 * (6 - 4 / 3)))
```

6.3 什么是算术运算符的优先级

算术运算符遵循与数学中相同的优先规则，即首先执行幂运算，然后执行乘、除运算，最后执行加、减运算。

高优先级 ↑ 低优先级	算术运算符
	**
	*, /
	+, −

有时乘法和除法运算存在于同一个表达式中。由于两者具有相同的优先级，因此必须从左到右执行（与我们阅读它的顺序相同）。这意味着表达式：

```
y = 6 / 3 * 2
```

相当于 $y = \dfrac{6}{3} \cdot 2$，给变量 y 赋值 4（在乘法之前进行除法运算）。

然而，如果要在除法之前执行乘法运算，则可以使用圆括号改变优先级。这意味着：

```
y = 6 / (3 * 2)
```

相当于 $y = \dfrac{6}{3 \cdot 2}$，给变量 y 赋值 1（在除法之前进行乘法计算）。

提示

所有的分数都必须写在一行上。例如，$\dfrac{6}{3}$ 必须写成 6 / 3，$\dfrac{4x+5}{6}$ 必须写成 (4 * x + 5) / 6。

运算顺序总结如下：

（1）括号内的运算都是先执行的。

（2）执行幂运算。

（3）从左到右执行乘法和除法运算。

（4）从左到右执行加法和减法运算。

让我们看看下面这条语句：

```
y = (20 + 3) - 12 + 2 ** 3 / 4 * 3
```

不看下面的提示，你能计算出结果吗？

如果您得出值 17，您是对的！

如果您没有计算出正确结果，请阅读下面的内容。运算顺序以更加图形化的方式呈现：

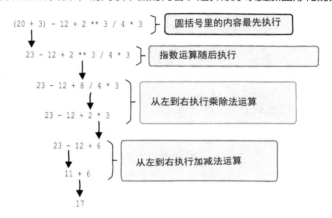

■ 6.4 复合赋值运算符

Python 提供了一组称为复合赋值运算符的特殊运算符，可以帮助您更快地编写代码。

运算符	说明
+=	加法赋值运算符
−=	减法赋值运算符
*=	乘法赋值运算符
/=	除法赋值运算符
**=	幂赋值运算符

让我们看一些例子：

- 语句 a = a + 1 可以更简洁地编写成 a += 1。
- 语句 a = a + b 可以更简洁地编写成 a += b。
- 语句 a = a − 2 可以更简洁地编写成 a −= 2。

练习 6.4.1　哪些 Python 赋值语句在语法上是正确的？

下列哪些 Python 赋值语句在语法上是正确的？

i. x = -10   v. x = COWS   ix. x = True

ii. 10 = b   vi. a + b = 40   x. y /= 2

iii. a_b = a_b + 1 vii. a = 3 b   xi. y += 1

iv. x = "COWS"   viii. x = "True"   xii. y =* 2

解答

i. 语句 x = -10 是正确的。它将整数值 -10 赋给变量 x。

ii. 语句 10 = b 是错误的。在赋值运算符的左侧只能是变量。

iii. 语句 a_b = a_b + 1 是正确的，将变量 a_b 的值增加 1。

iv. 语句 x = "COWS" 是正确的。它将字符串 "COWS"(不含双引号的文本内容)赋给变量 x。

v. 语句 x = COWS 是正确的。它将变量 COWS 的内容赋值给变量 x。

vi. 语句 a + b = 40 是错误的。在赋值运算符的左侧只可以是变量。

vii. 语句 a = 3 b 是错误的，应该写成 a = 3 * b。

viii. 语句 x = "True" 是正确的。它将字符串 "True"(不含双引号的文本内容)赋给变量 x。

ix. 语句 x = True 是正确的。它将 True 赋值给变量 x。

x. 语句 y /= 2 是正确的。它相当于 y = y / 2。

xi. 语句 y += 1 是正确的。它相当于 y = y + 1。

xii. 语句 y =* 2 是错误的。它应该写成 y *= 2。

练习 6.4.2 指出变量的类型

以下每个变量的类型是什么？

i. x = 15   iii. b = "15"   v. b = True

ii. width = "10 meters" iv. temp = 13.5   vi. b = "True"

解答

i. 在语句 x = 15 中，值 15 属于整数，因此，变量 x 是整数。

ii. 在语句 width = "10 meters" 中，"10 meters" 是文本字符串，因此，变量 width 是字符串。

iii. 在语句 b = "15" 中，"15" 是一个文本字符串（因为带双引号），因此，变量 b 是字符串。

iv. 在语句 temp = 13.5 中，值 13.5 属于实数，因此，变量 temp 是实数。

v. 在语句 b = True 中，值 True 是布尔值，因此，变量 b 是布尔值。

vi. 在语句 b = "True" 中，值 "True" 是一个文本字符串（因为有双引号）。因此，变量 b 是字符串。

■ 6.5 字符串运算符

将两个单独的字符串合并为一个字符串称为串联。两个运算符可以用来串联（拼接）字符串。

运算符	说明
+	串联运算符
+=	串联赋值运算符

以下代码在用户屏幕上显示不带双引号的"What's up，dude？"：

```
a = "What's up, "
b = "dude?"
c = a + b
print(c)
```

以下代码在用户屏幕上显示不带双引号的"Hello my friend！"：

```
a = "Hello"
a += " my friend!"
print(a)
```

练习 6.5.1　串联名字

编写一个 Python 程序，提示用户输入他们的名字和姓氏（赋值给两个不同的变量）。然后将它们拼接（串联）成一个字符串，并将它们显示在用户的屏幕上。

解答

Python 程序如下所示：

```
first_name = input("Enter first name: ")
last_name = input("Enter last name: ")

full_name = first_name + " " + last_name
print(full_name)
```

■ 6.6　复习题：判断对错

判断以下语句的真假。

1. 在计算机科学中，语句 x = 5 可以理解为"变量 x 等于 5"。

提示

请注意在名字和姓氏之间添加的额外的空格字符。

2. 赋值运算符将一个表达式的结果赋值给一个变量。

3. 只能使用 input() 语句将字符串赋值给变量。

4. 语句 5 = y 表示将值 5 赋给变量 y。

5. 在赋值运算符的右侧，必须总是存在算术运算符。

6. 在赋值运算符的左侧，可以存在两个变量，但它们必须用空格字符分隔。

7. 不能在赋值运算符的两侧使用相同的变量。

8. 语句 x = x + 1 表示将变量 x 减 1。

9. 除法和乘法在算术运算符中具有较高的优先级。

10. 当乘除法运算符共存于一个表达式中时，乘法运算在除法之前执行。

11. 表达式 8 / 4 * 2 等于 1.0。

12. 表达式 4 + 6 / 6 + 4 等于 9.0。

13. 声明 2 ** 3 等于 9。

14. 表达式 a + b + c / 3 表示计算 3 个数字的平均值。

15. 语句 a += 1 相当于 a = a + 1。

16. 语句 a = "True" 表示给变量 a 赋一个布尔值。

17. 语句 a = 2 · a 表示使变量 a 的值加倍。

18. a += 2 和 a = a - (-2) 并不等同。

19. 语句 y = "George" + "Malkovich" 表示将值 "GeorgeMalkovich"（不带双引号）赋给变量 y。

■ 6.7　复习题：选择题

选择正确的答案。

1. 以下哪条 Python 语句将 10.0 赋值给变量 x？

a. 10.0 = x

b. x←10.0

c. x = 100/10

d. 以上都不是

2. 在计算机科学中，语句 x = b 可以读为_____。

a. 将变量 x 的内容赋值给变量 b。

b. 变量 b 等于变量 x。

c. 将变量 b 的内容赋值给变量 x。

d. 以上都不是。

3. 表达式 0 / 10 + 2 等于_____。

a. 7

b. 2

c. 12

d. 以上都不是

4. 下列哪一条语句计算变量 x 的平方的结果？

a. y = x * x

b. y = x ** 2

c. y = x * x / x * x

d. 以上都不是

5. 以下哪条 Python 语句在语法上是正确的？

a. x = 4*2 y-8/(4*q)

b. x = 4*2 * y-8/4 * q)

c. x = 4*2 * y-8/(4 */ q)

d. 以上都不是

6. 以下哪条 Python 语句在语法上是正确的？

a. a ** 5 = b

b. y = a ** 5

c. a =** 5

d. 以上都不是

7. 下列哪条 Python 语句将值 "George Malkovich"（不带双引号）赋给变量 x？

    a. x="George"+""+"Malkovich"

    b. x="George"+"Malkovich"

    c. x="George"+"Malkovich"

    d. 以上都是

8. 以下代码片段：

```
x = 2
x += 1
print(x)
```

显示的值为 _____。

    a. 3   c. 1

    b. 2   d. 以上都不是

■ 6.8　巩固练习

完成以下练习：

1. 下列哪些 Python 赋值语句在语法上是正确的？

    i. a ← a + 1

    ii. a += b

    iii. a b = a b + 1

    iv. a = a + 1

    v. a = hello

    vi. a = 40"

    vii. a = b · 5

    viii. a =+ "True"

    ix. fdadstwsdgfgw = 1

    x. a = a**5

2. 以下每个变量的类型是什么？

    i. a = "False"   iii. b = "15 meters"   v. b = 13.0

    ii. w = False   iv. weight = "40"   vi. b = 13

3. 将第一列中的每个元素与第二列中的一个元素进行匹配。

运算	结果
i. 1 / 2	a. 100
ii. 4 / 2 * 2	b. 0.5
iii. 0 / 10 * 10	c. 0
iv. 10 / 2 + 3	d. 4
	e. 8
	f. 1
	g. 2

4. 在执行以下每个代码片段之后屏幕上显示的是什么？

```
i. a = 5
   b = a * a + 1
   print(b + 1)
```

```
ii. a = 9
    b = a / 3 * a
    print(b + 1)
```

5. 在执行以下每个代码片段之后屏幕上显示的是什么？

```
i.  a = 5
    a += - 5
    print(a)
```

```
ii. a = 5
    a = a - 1
    print(a)
```

6. 在执行以下每个代码片段后，屏幕上显示的内容是什么？

```
i.  a = 6
    b = 2
    c = a / (b + 1)
    print(c)
```

```
ii. a = 4
    b = 8
    a += 1
    c = a * b
    print(c)
```

7. 在执行下面的代码片段后屏幕上显示的是什么？

```
a = "My name is Alex"
a += "ander"
a = a + " the Great"
print(a)
```

8. 补全以下每个代码片段中的空白，使得显示值为5。

```
i.  a = 8
    a = a - __
    print(a)
```

```
ii. a = 4
    b = a * 0.5
    b += a
    a = b - __
    print(a)
```

9. 在执行下面的代码片段后屏幕上显示的是什么？

```
city = "California"
California = city
print(city, California, "California")
```

■ 6.9　复习题

1. 哪个符号在 Python 中用作赋值运算符？

2. Python 支持的 5 种常见的算术运算符是什么？

3. 总结 Python 中算术运算符优先级的规则。

4. Python 支持哪些复合赋值运算符？

5. Python 支持哪些字符串运算符？

扫码看视频

第7章 使用 IDLE

■ 7.1 引言

到目前为止，您已经学习了一些关于 Python 程序的基础知识。现在该学习如何将程序输入到计算机中，执行它们，了解它们如何执行以及如何显示结果。

正如第 2.4 节所述，集成开发环境（IDE）是一种让程序员能够编写和执行源代码的软件。IDLE 和 Eclipse 就是例子。这本书涵盖了这两个 IDE 的介绍，因此，选择使用哪一个 IDE 完全取决于您。如果您决定使用 Eclipse，那么就不必阅读关于 IDLE 的任何内容。您可以忽略本章，直接阅读下一章！

提示

如果您不知道选择哪一个 IDE（IDLE 或 Eclipse），答案很简单。IDLE 轻量、简洁，并且非常适合新手程序员使用。在安装 Python 时它就已经被安装，不需要再进行进一步的配置。Eclipse，与 Python 相比复杂一点，适合比较熟练的程序员使用。

■ 7.2 创建一个新的 Python 模块

一旦打开 IDLE，您首先看到的是"Python Shell"窗口，如图 7-1 所示。

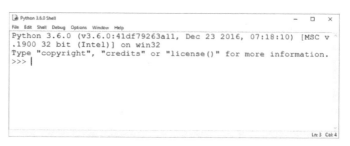

图 7-1 Python Shell 窗口

提示

在 Linux 上打开 IDLE，需要向终端输入"idle3"（不带双引号）。

Python Shell 是一个可以输入立即执行的语句的环境。例如，如果输入 7 + 3 并按下 Enter 键，Python Shell 将直接显示该加法运算的结果。

然而，您不应该在 Python Shell 窗口中编写 Python 程序。编写一个 Python 程序，要创建一个新的 Python 文件（称为 Python 模块）。从 Python Shell 的主菜单中选择"File → New File"，如图 7-2 所示。

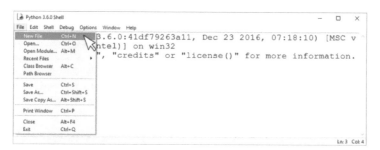

图 7-2　在 Python Shell 中创建一个新的 Python 文件（模块）

提示

简单地说，"模块"是一个包含 Python 代码的文件。它的文件名就是模块名，.py 为文件扩展名。

这将打开一个新窗口，如图 7-3 所示。这是一个新的空模块，您可以在里面编写 Python 程序。

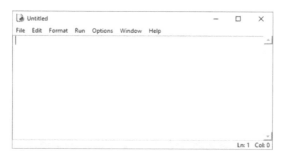

图 7-3　一个新的空 Python 模块

■ 7.3　编写和执行 Python 程序

您刚刚看到如何创建一个新的 Python 模块。在最新创建的窗口"Untitled"中，输入以下 Python 程序。

```
print("Hello World")
```

现在让我们尝试执行该程序！从主菜单中选择"Run → Run Module"，如图 7-4 所示，或者按 F5 键。

IDLE 提示您保存源代码。单击"OK"按钮，为您的第一个程序选择一个文件夹和文件名，然后单击"Save"按钮。该 Python 程序被保存并执行，输出结果显示在 Python Shell 窗口中，如图 7-5 所示。

图 7-4　执行您的第一个 Python 程序

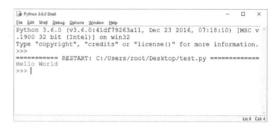

图 7-5　在 Python Shell 窗口中查看程序执行的结果

恭喜！您刚刚编写并执行了您的第一个 Python 程序！

现在让我们编写另一个 Python 程序，提示用户输入他或她的名字。输入下面的 Python 程序，然后按 F5 键执行该文件。

file_7_3

```
name = input("Enter your name: ")
print("Hello", name)
print("Have a nice day!")
```

请记住！ 您可以通过从主菜单栏选择"Run—>Run Module"或者按 F5 键执行程序。

一旦您执行该程序，Python Shell 窗口中将显示"Enter your name："（不带双引号）。程序会等待您输入您的姓名，如图 7-6 所示。

输入您的名字，然后按 Enter 键。一旦您这样做，您的计算机会继续执行其余的语句。执行结束后，最终输出如图 7-7 所示。

图 7-6　在 Python Shell 窗口中可看到一个提示信息　　图 7-7　Python Shell 窗口中响应提示的内容

■ 7.4　发现运行时错误和语法错误

当使用高级语言编写代码时，可能会犯一些错误。看看下面的 Python 程序：

```
num1 = float(input("Enter number A: "))
num2 = float(input("Enter number B: "))
```

```
c = num1 / num2
print(c)
```

这个程序可能看起来很完美，但您有没有想过 num2 为 0 的可能性？不幸的是，这个程序的编写方式允许用户为变量 num2 输入一个 0 值。如果您试图执行这个程序，并为 num2 输入一个 0 值，Python 的解释器将会发出抱怨并显示错误"float division by zero"（见图 7-8）。另外，解释器告诉您，在执行第 3 行时发生这个运行时错误！

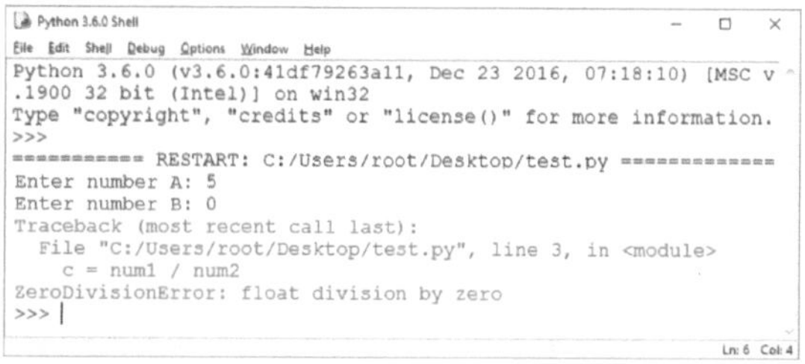

图 7-8　Python Shell 窗口显示一个运行时错误

您现在无法处理这个问题！必须等到第 12 章，您将学习关于决策结构的所有知识。

现在，让我们看看下面的 Python 程序：

```
num1 = 5
num2 = 10
c = num1 + num2 +
print(c)
```

提示

使用决策结构，计算机可以决定是否应该执行这个除法运算。

在这里，程序员犯了一个输入错误，第三条语句包含一个不必要的加法运算符（+）。如果试图执行这个程序，Python 的解释器会显示错误"invalid syntax"，如图 7-9 所示。

图 7-9　Python 显示语法错误

您需要做的就是纠正错误的语句行，并尝试再次执行程序！

第8章 使用 Eclipse

■ 8.1 引言

正如第 2.4 节所述，集成开发环境（IDE）是一种能够让程序员编写和执行源代码的软件。IDLE 和 Eclipse 就是例子。这本书涵盖了这两个 IDE 的介绍，因此，选择使用哪一个 IDE 完全由您决定。如果您决定使用 IDLE，那么您不必阅读关于 Eclipse 的任何内容。您可以忽略本章！

■ 8.2 创建一个新的 Python 项目

打开 Eclipse 后，您必须先创建一个新的 Python 项目。Eclipse 提供了一个向导帮助您创建新项目。启动 Eclipse，从主菜单中选择"File → New → PyDev Project"，如图 8-1 所示。

如果在您的 Eclipse 中没有这样的选项，可以改为选择"File → New → Other"，在弹出的窗口中选择"PyDev Project"向导，如图 8-2 所示。

然后，单击"Next"按钮。

出现"PyDev Project"对话框，您可以创建一个新的 PyDev Project。在"Project name"文本框中输入您想要的名字，例如"testingProject"，在"Grammar Version"下拉列表中选择"3.6"（或更高版本），如图 8-3 所示。

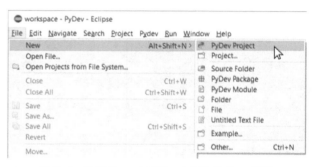

图 8-1 在 Eclipse 中创建一个新的 Python 项目

提示

如果在"PyDev Project"对话框中出现错误信息"Project interpreter not specified"，您一定要单击链接"Please configure an interpreter before proceeding."。然后，在弹出的窗口中单击"Quick Auto-Config"按钮。

图 8-2　选择"PyDev Project"向导　　　　图 8-3　创建一个新的 PyDev Project

　　单击"Finish"按钮。如果出现如图 8-4 所示的窗口，勾选"Remember my decision"复选框，然后单击"Yes"按钮。

　　该项目是在您的 Eclipse 环境中创建的。如果"PyDev Package Explorer"窗口被最小化了，可以单击"Restore"按钮（见图 8-5）将其恢复。

图 8-4　"Open Associated　　　　　图 8-5　恢复"PyDev Package
　　　　　Perspective"窗口　　　　　　　　　　　Explorer"窗口

　　在"PyDev Package Explorer"窗口中，选择刚刚创建的"testingProject"。从主菜单中选择"File → New → PyDev Module"。 如果在您的 Eclipse 中没有这个选项，可以选择"File → New → Other"，然后在弹出的窗口中选择"PyDev Module"向导。然后，单击"Next"按钮。

　　在弹出的窗口（见图 8-6）中，确保"Source Folder"文本框中包含"/testing Project"。在"Name"文本框中输入"test"，然后单击"Finish"按钮。

如果出现如图 8-7 所示的弹出窗口，则让所有复选框保持选中状态，然后单击"OK"按钮。

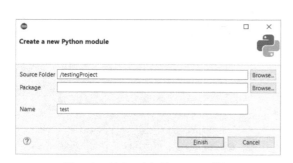

图 8-6 创建一个新的 PyDev 模块　　　　图 8-7 保持 Eclipse PyDev 默认设置不变

出现的下一个窗口提示选择一个模板。由于我们不需要模板，所以可以单击"Cancel"按钮。
您现在应该看到以下组件（见图 8-8）。

- "PyDev Package Explorer"窗口，其中包含项目组件的树形视图，包括源代码文件以及代码可能依赖的库等。
- "Source Editor"窗口，其中有一个打开的"test.py"文件。在这个文件中，您可以编写 Python 代码。当然，一个项目可以包含很多这样的文件。
- "Console"窗口，Eclipse 用于显示您的 Python 程序输出结果，以及对程序员有用的一些消息。

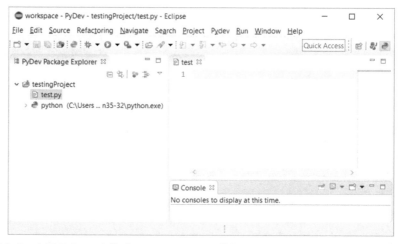

图 8-8 查看 Eclipse 中的 "Package Explorer" "Source Editor" 和 "Console" 窗口

提示

如果"Console"窗口没有打开，您可以通过从主菜单栏中选择"Window →
Show View → Console"打开它。

8.3 编写和执行 Python 程序

您刚刚看到如何创建一个新的 Python 项目。在"test"窗口中，输入以下 Python 程序：

```
print("Hello World")
```

现在让我们试着执行该程序！从工具栏中，单击"Run as" 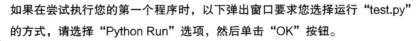 图标。或者，从主菜单
中选择"Run → Run"，甚至可以按 Ctrl + F11 组合键。Python 程序执行，输出结果显示在
"Console"窗口中，如图 8-9 所示。

图 8-9　在"Console"窗口中查看程序的执行结果

提示

如果在尝试执行您的第一个程序时，以下弹出窗口要求您选择运行"test.py"
的方式，请选择"Python Run"选项，然后单击"OK"按钮。

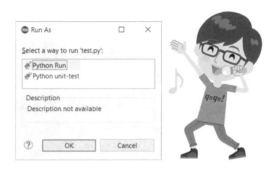

恭喜！您刚刚编写并执行了您的第一个 Python 程序！

现在让我们编写另一个 Python 程序，提示用户输入他或她的名字。在 Eclipse 中输入以下 Python 程序，然后按下 Ctrl + F11 键执行该文件。

file_8_3

```
name = input("Enter your name: ")
print("Hello", name)
print("Have a nice day!")
```

请记住！您可以通过单击"Run as" ▶工具栏图标，或者从主菜单选择"Run→Run"，或者甚至同时按下Ctrl+F11键，执行程序。

一旦执行该程序，"Console"窗口中将显示"Enter your name:"消息。程序会等待您输入您的姓名，如图 8-10 所示。

然而，要输入您的姓名，您必须将文本光标放在"Console"窗口中。然后，您可以输入您的名字并按下 Enter 键。一旦您这样做，您的计算机将继续执行其余的语句。执行结束后，最终输出结果如图 8-11 所示。

图 8-10 "Console"窗口中显示的提示消息　　图 8-11 "Console"窗口中对提示消息的响应

■ 8.4　发现运行时错误和语法错误

当使用高级语言编写代码时，可能会犯一些错误。幸运的是，Eclipse 提供了所有必要的工具帮助我们调试程序。

看看下面的 Python 程序：

```
num1 = float(input("Enter number A: "))
num2 = float(input("Enter number B: "))
c = num1 / num2
print(c)
```

这个程序可能看起来很完美，但您有没有想过 num2 为 0 的可能性？不幸的是，这个程序的编写方式允许用户为变量 num2 输入一个 0 值。如果您试图执行这个程序，并为 num2 输入一个 0 值，Python 解释器将会发出抱怨并显示错误"float division by zero"（见图 8-12）。另外，解释器告诉您，在执行第 3 行代码时发生该运行时错误！

图 8-12 Python Shell 窗口显示一个运行时错误

您现在无法处理这个问题！必须等到第 12 章，届时您将学习关于决策结构的所有知识。

Eclipse 的另一个有趣的功能是它可以在输入语句时检测语法错误，错误的代码会以红色下波浪线突出显示，如图 8-13 所示。

提示

使用决策结构，计算机可以决定是否应该执行这个除法计算。

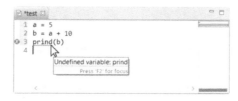

图 8-13 在 Eclipse 中，语法错误被用红色下波浪线标出

您需要做的是纠正错误，红波浪线将立即消失。然而，如果您不确定代码有什么问题，则可将鼠标光标放在错误行上。Eclipse 将尝试通过显示一个弹出窗口并简要解释错误来帮助您，如图 8-14 所示。

图 8-14 Eclipse 显示对一个语法错误的解释

第9章 编写第一个真正的程序

■ 9.1 介绍

在本章中，您将看到一些非常简单的程序，其中语句按顺序依次执行（顺序执行），执行顺序与在程序中出现的顺序相同。在计算机科学中，一个包含顺序执行的语句的结构，按照它们出现在程序中的顺序，而不会跳过其中的任何语句，这种结构被称为顺序结构。例如，这种结构可能会执行一系列的输入或输出操作、算术运算或给变量赋值。

提示

顺序结构是计算机科学中使用的基本控制结构之一，另外两种结构是"决策结构"和"循环结构"。计算机程序设计中的所有问题都可以用这3种结构解决。

提示

结构化编程概念于 1966 年由 Corrado Bohm 和 Giuseppe Jacopini 正式提出。他们演示了使用顺序、决策和迭代（循环）的理论式计算机程序设计。

以下程序显示了按顺序执行的 Python 语句的示例：

file_9_1

```python
#Prompt the user to enter value for num
num = int(input("Enter a number: "))

#Calculate the square of num
result = num ** 2

#Display the result on user's screen
print("The square of", num, "is", result)
```

请记住！在Python中，你可以使用哈希字符（#）添加注释。添加注释是为了让人们更方便阅读代码。编译器和解释器会忽略注释内容。

练习 9.1.1　计算矩形的面积

编写一个 Python 程序，提示用户输入矩形的长（底）和宽（高），然后计算并显示其面积。

解答

您可能从学校学过，可以使用下面的公式计算一个矩形的面积：

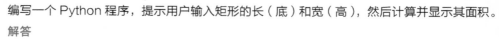

$$面积 = 底 \times 高$$

在第 3.5 节中，您学习了创建算法的 3 个主要阶段：数据输入、数据处理和结果输出。

在这个练习中，这 3 个主要阶段如下。

- **数据输入**：用户必须输入底和高的值。
- **数据处理**：程序必须计算矩形的面积。
- **结果输出**：程序必须显示上一阶段计算出的矩形面积。

该问题的解答如下：

file_9_1_1

```
#Data input - Prompt the user to enter values for base and height
base = float(input("Enter the length of Base: "))
height = float(input("Enter the length of Height: "))

#Data processing - Calculate the area of the rectangle
area = base * height

#Results output - Display the result on user's screen
print("The area of the rectangle is", area)
```

练习 9.1.2　计算圆的面积

编写一个 Python 程序，提示用户输入圆的半径长度，然后计算并显示其面积。

解答

您可以使用以下公式计算圆的面积：

$$面积 = \pi \cdot 半径^2$$

π 的值是已知的，即 3.14159。因此，用户唯一输入的值是半径的值。

在这个练习中，运用您在第 3.5 节中学到的 3 个主要阶段如下：

- **数据输入**：用户必须输入半径值
- **数据处理**：程序必须计算出圆的面积
- **结果输出**：程序必须显示上一阶段计算出的圆的面积

该问题的解答如下：

file_9_1_2

```
#Data input - Prompt the user to enter a value for radius
radius = float(input("Enter the length of Radius: "))

#Data processing - Calculate the area of the circle
area = 3.14159 * radius ** 2
```

51

```
#Results output - Display the result on user's screen
print("The area of the circle is", area)
```

请记住！幂运算具有较高的优先级，在乘法运算之前执行。

练习 9.1.3 华氏度到摄氏度

编写一个 Python 程序，提示用户以华氏度[①]为单位输入温度，然后将其转换为对应的摄氏度[②]。所需的公式如下：

$$C = \frac{5}{9}(F-32)$$

解答

在这个程序中，用户必须以华氏度输入一个温度值，然后用上面给出的公式计算出摄氏温度值。Python 程序如下所示：

file_9_1_3

```
#Data input - Prompt the user to enter a temperature value
#             in degrees Fahrenheit
fahrenheit = float(input("Enter a temperature in Fahrenheit: "))

#Data processing - Calculate the degrees Celsius equivalent
celsius = 5 / 9 * (fahrenheit - 32)

#Results output - Display the result on user's screen
print("The temperature in Celsius is", celsius)
```

■ 9.2 巩固练习

完成以下练习。

1. 编写一个 Python 程序，提示用户输入底和高的值，然后使用以下公式计算并显示三角形的面积：

$$面积 = \frac{底 \times 高}{2}$$

2. 编写一个 Python 程序，提示用户以华氏度为单位输入温度，然后将其转换为对应的开尔文[③]温度值。所需的公式如下：

---

① Daniel Gabriel Fahrenheit（1686—1736）是德国物理学家、工程师和玻璃吹制师，他以发明酒精和水银温度计而闻名，并发明了以他的名字命名的温标。
② Anders Celsius（1701—1744）是瑞典天文学家、物理学家和数学家。他创立了瑞典乌普萨拉天文台，提出了以他为名的摄氏温标。
③ William Thomson, 1st Baron Kelvin（1824—1907），是出生于爱尔兰的英国数学物理学家和工程师。他以发明绝对零度（Kelvin 温标）而广为人知，温度测量单位就是以他的名字命名的。他发现汤姆逊热电效应，并帮助发展了热力学第二定律。

$$开尔文温度 = \frac{华氏温度 + 459.67}{1.8}$$

3. 编写一个 Python 程序，提示用户输入三角形的两个角度值，然后计算并显示第三个角度值。

提示：任何三角形的内角总和总是 180°。

4. 编写一个 Python 程序，提示学生输入 4 次测试成绩，然后计算并显示平均成绩。

5. 编写一个 Python 程序，提示用户输入圆的半径值，然后使用以下公式计算并显示圆的周长：

$$周长 = 2\pi \times 半径$$

已知：π = 3.14159

6. 身体质量指数（BMI）通常用于确定一个人是否超重或体重不足。计算 BMI 的公式如下：

$$BMI = \frac{体重 \times 703}{身高^2}$$

编写一个 Python 程序，提示用户输入他或她的体重（以磅为单位）和身高（以英寸为单位），然后计算并显示用户的 BMI 值。

7. 编写一个 Python 程序，提示用户输入两个数字，分别对应当月和当月的当天，然后程序计算该日期到年底之间的天数。假设每个月有 30 天。

■ 9.3　复习题

1. 什么是顺序结构？

2. 顺序结构可以执行哪些操作？

3. 说出计算机科学中使用的 3 种基本控制结构。

第 10 章　操作数字

■ 10.1　引言

就像每一门高级编程语言一样，Python 有许多现成的函数和方法（称为子程序），您可以随时随地使用它们。

> **提示**
> 一个"子程序"就是一组打包成一个单元的语句。每个子程序都有一个描述性的名字并执行一个特定的任务。

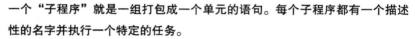

尽管 Python 支持许多数学函数（和方法），但本章仅涉及本书所必需的。然而，如果您需要了解关于函数和方法的更多的信息，可以访问 Python 官网上的相关文档。

■ 10.2　有用的函数和方法

1. 整数值

`int(value)`

这个函数返回 value 的整数部分。您还可以使用它将一个整数的字符串表示形式转换为等价的数字形式。

例

file_10_2a

```
a = 5.4
b = int(a)
print(b)                 #It displays: 5

print(int(34))           #It displays: 34
print(int(34.9))         #It displays: 34
print(int(-34.999))      #It displays: -34

c = "15"
d = "3"
print(c + d)             #It displays: 153
print(int(c) + int(d))   #It displays: 18
```

2. 最大值

`max(sequence)`
`max(value1, value2, value3, …)`

该函数返回 sequence 的最大值，或者返回两个或更多参数中的最大值。

例

file_10_2b

```
a = 5
b = 6
c = 3
d = 4
y = max(a, b, c, d)
print(y)                        #It displays: 6

print(max(5, 3, 2, 6, 7, 1, 5))   #It displays: 7

seq = [2, 8, 4, 6, 2]            #This is a sequence of integers
print(max(seq))                  #It displays: 8
```

3. 最小值

min(*sequence*)
min(*value1, value2, value3, ...*)

该函数返回 sequence 的最小值，或者返回两个或更多参数中的最小值。

例

file_10_2c

```
a = 5
b = 6
c = 3
d = 4
y = min(a, b, c, d)
print(y)                        #It displays: 3

print(min(5, 3, 2, 6, 7, 1, 5))   #It displays: 1

seq = [2, 8, 4, 6, 2]            #This is a sequence of integers
print(min(seq))                  #It displays: 2
```

4. 实数值

float(*value*)
这个函数将一个实数的字符串表示形式转换为与其等价的数字形式。

例

file_10_2d

```
a = "5.2"
b = "3.4"

print(a + b)                    #It displays: 5.23.4
print(float(a) + float(b))      #It displays: 8.6
```

5. 数值范围

```
range([initial_value,] final_value [, step])
```

该函数返回 initial_value 和 final_value − 1 之间的整数序列。参数 initial_value 是可选的，如果省略，则其默认值为 0。参数 step 是序列中每个数字之间的差值。这个参数也是可选的，如果省略，则其默认值为 1。

提示

请注意 initial_value、final_value 和 step 必须是整数，它们也可以是负值！

例

file_10_2e

```
#Assign sequence [1, 2, 3, 4, 5] to variable a
a = range(1, 6)

#Assign sequence [0, 1, 2, 3, 4, 5] to variable b
b = range(6)

#Assign sequence [0, 10, 20, 30, 40] to variable c
c = range(0, 50, 10)

#Assign sequence [100, 95, 90, 85] to variable d
d = range(100, 80, -5)
```

6. 随机整数

```
random.randrange([minimum_value,] maximum_value [, step])
```

该函数返回给定范围内的一个随机整数。randrange() 的参数遵循与函数 range() 相同的逻辑。

例

file_10_2f

```
import random        #import random module

#Display a random integer between 10 and 100
print(random.randrange(10, 101))

#Assign a random integer between 0 and 10 to variable y
y = random.randrange(11)
#and display it
print(y)

#Display a random integer between -20 and 20
print(random.randrange(-20, 21))

#Display a random odd integer between 1 and 97
print(random.randrange(1, 99, 2))
```

```
#Display a random even integer between 0 and 98
print(random.randrange(0, 100, 2))
```

提示

随机数在计算机游戏中受到广泛的应用，例如，一个"敌人"可能在随机的时间出现，或沿随机的方向移动。此外，随机数被用于模拟程序、统计程序、计算机安全领域的数据加密，等等。

提示

函数 randrange() 定义在模块 random 中，此函数不能直接在 Python 中使用，所以您需要导入 random 模块。

提示

random 模块只不过是一个包含许多现成的函数（或方法）的文件。Python 包含了很多这样的模块。然而，如果希望使用这些模块中的函数或方法，需要将该模块导入到您的程序中。

7. 求和

```
math.fsum(sequence)
```

这个函数返回 sequence 的元素的总和。

例

---
file_10_2g

```
import math

seq = [5.1, 3, 2]      #Assign a sequence of numbers to variable seq
print(math.fsum(seq))  #It displays: 10.1
```

提示

函数 fsum() 定义在模块 Math 中，此函数不能直接在 Python 中使用，所以需要导入 math 模块。

8．平方根

`math.sqrt(`*`number`*`)`

这个方法返回 number 的平方根。

例

file_10_2h

```
import math                      #import math module

print(math.sqrt(9))             #It displays: 3.0
print(math.sqrt(25))            #It displays: 5.0
```

提示

函数 sqrt() 定义在模块 math 中，此函数不能直接在 Python 中使用，所以需要导入 math 模块。

■ 10.3 复习题：判断对错

判断以下语句的真假。

1. 一般而言，函数是解决小问题的小型子程序。

2. 语句 int(3.59) 返回的结果为 3.6。

3. 语句 y = int（"two"）是一个有效的 Python 语句。

4. 语句 y = int（"2"）是一个有效的 Python 语句。

5. 语句 int(3) 返回的结果为 3.0。

6. 语句 float(3) 返回的结果为 3.0。

7. y = float（"3.14"）不是有效的 Python 语句。

8. randrange() 函数可以返回负的随机数。

9. 语句 max(-5，-1，-8) 返回的结果为 -1。

10. 语句 b = range(3) 将序列 [0,1,2] 赋给变量 b。

11. c = range(0, 10, 0.5) 是一个有效的 Python 语句。

12. 语句 math.fsum([1, 9]) 返回的结果为 10.0。

13. math.fsum(a, b, c) 是一个有效的 Python 语句。

■ 10.4 复习题

完成以下练习:

1. 尝试确定 Python 程序每一步中的变量值,并计算出用户屏幕上显示的内容。

```
a = 5.0
b = 2.0

y = int(a / b)
print(y)
```

2. 尝试确定在两次不同的执行过程中 Python 程序每一步中的变量值,并计算出用户屏幕上显示的内容。

两次执行输入的值分别为:(ⅰ)2.5(ⅱ)5.5。

```
a = float(input())

a = a * 2 / int(a)

print(a)
```

3. 尝试确定在两次不同的执行过程中 Python 程序每一步中的变量值,并计算出用户屏幕上显示的内容。

两次执行输入的值分别为:(ⅰ)2.2(ⅱ)3.5。

```
a = float(input())

b = int(a) ** 2

print(b)
```

4. 尝试确定在两次不同的执行过程中 Python 程序每一步中的变量值,并计算出用户屏幕上显示的内容。

两次执行输入的值分别为:(ⅰ)2、5.5、5;(ⅱ)3.5、3.5、2。

```
a = float(input())
b = float(input())
c = float(input())

y = [a, b, c]

print(max(y))
```

5. 尝试确定在两次不同的执行过程中 Python 程序每一步中的变量值,并计算出用户屏幕上显示的内容。

两次执行输入的值分别为:(ⅰ)1、30、15;(ⅱ)20、12、17。

```
import math
a = float(input())
```

```
b = float(input())
c = float(input())

y = max(a, b, c)
z = min(a, b, c)
w = math.fsum([y, z])
print(w)
```

扫码看视频

第 11 章 操作字符串

■ 11.1 引言

一般来说，字符串可以是使用键盘输入的任何内容，包括字母、符号（如&、* 和 @）和数字。在 Python 中，字符串总是用单引号或双引号括起来。下面是一个使用到字符串的 Python 程序。

```
a = "Everything enclosed in double quotes is a string,"
b = "even the numbers below:"
c = "3, 54, 731"
print(a)
print(b)
print(c)
print("You can even mix letters, symbols and ")
print("digits like this:")
print("The result of 3 + 4 equals to 4")
```

很多时候程序要处理字符串形式的数据。字符串无处不在，从文字处理器到网络浏览器，再到短信程序。实际上，本书中的许多练习广泛使用了字符串。尽管 Python 支持许多有用的操作字符串的函数和方法，但本章只涉及本书所必需的那一部分内容。然而，如果您需要了解关于字符串的更多信息，可以访问 Python 官网上的相关文档。

请记住！函数和方法只不过是用来解决小问题的小的子程序。

■ 11.2 从字符串中检索单个字符

在下面的例子中，我们使用文本"Hello World"。该字符串由 11 个字符组成（包括两个单词之间的空格字符）。每个字符的位置如下所示：

0	1	2	3	4	5	6	7	8	9	10
H	e	l	l	o		W	o	r	l	d

Python 假定第一个字符的所在位置是 0，第二个字符的位置是 1，依此类推。请注意，这两个词之间的空格也是一个字符。

请记住！空格字符和其他字符一样，只是人们看不到它而已，但并不代表它不存在。

Python 允许使用所谓的子串表示法检索字符串的单个字符。子串表示法可以引用字符串中的特定字符。因此，可以使用索引 0 访问第一个字符，使用索引 1 访问第二个字符，依此类推。最后一个字符的索引值比字符串的长度小 1。以下 Python 程序就是一个子串表示法的例子。

file_11_2a

```
a = "Hello World"

print(a[0])          #it displays the first letter
print(a[6])          #it displays the letter W
print(a[10])         #it displays the last letter
```

提示

请注意单词 "Hello" 和 "World" 之间的空格也是一个字符。所以，字母 "W" 的位置是 6 而不是 5(您可能已经猜到了)。

如果希望从字符串的末尾处（而不是开始处）开始计数，可以使用负向索引。例如，索引 –1 指的是最右边的字符。

在文本"Hello World"中，每个字符的位置（使用负向索引）如下显示：

–11	–10	–9	–8	–7	–6	–5	–4	–3	–2	–1
H	e	l	l	o		W	o	r	l	d

下面展示了一个例子：

file_11_2b

```
a = "Hello World"

print(a[-1])    #it displays the last letter
print(a[-3])    #it displays the letter r
```

然而，如果您尝试使用无效索引值（例如大于字符串长度的索引值），Python 会显示一条错误消息，如图 11-1 和图 11-2 所示。

```
test
1 a = "Hello World"
2
3 print(a[100])
4

Console
<terminated> test.py [C:\Users\root\AppData\Local\Programs\Python\Python35-32\python.exe]
Traceback (most recent call last):
  File "C:\Users\root\workspace\testingProject\test.py", line 3, in <module>
    print(a[100])
IndexError: string index out of range
```

图 11-1 该错误消息（在 Eclipse 中）指出一个无效索引值

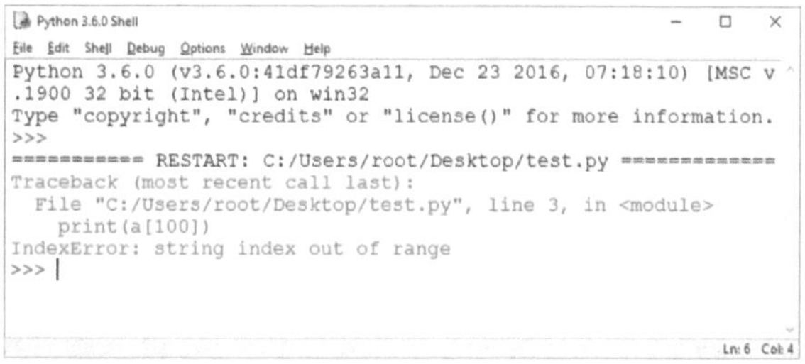

图 11-2　该错误消息（在 IDLE 中）指出一个无效索引值

在 Python 中从字符串中提取单个字符的另一种方法是将它们分解到多个变量中，如下所示：

file_11_2c

```
name = "Zeus"

letter1, letter2, letter3, letter4 = name

print(letter1)      #It displays the letter Z
print(letter2)      #It displays the letter e
print(letter3)      #It displays the letter u
print(letter4)      #It displays the letter s
```

> **提示**
> 最后一种方法要求您事先知道字符串中有多少个字符。如果您提供的变量数
> 与字符串中的字符数不匹配，Python 将会报错。

11.3　提取子串

如果您想提取一部分字符串（即子串），您可以使用下面的公式：

subject[[*beginIndex*] : [*endIndex*]]

这个语句返回 subject 的一部分。具体来说，它将返回从位置 beginIndex 到（但不包括）位置 endIndex 的子字符串，如以下例子所示：

file_11_3a

```
a = "Hello World"
b = a[6:9]
print(b)        #It displays: Wor
```

参数 beginIndex 是可选的。如果省略，则返回从位置 0 开始到但不包括位置 endIndex 的子字符串，如下例所示：

```
                              file_11_3b
a = "Hello World"
print(a[:2])            #It displays: He
```

参数 endIndex 也是可选的。如果它被省略，则返回从位置 beginIndex 到 subject 结束的子字符串，如下例所示：

```
                              file_11_3c
a = "Hello World"
print(a[7:])            #It displays: orld
```

提示

从一个序列（本例中是一个字符串）中选择一个元素范围（本例中为若干个字符）的做法在 Python 中被称为"切片"。

Python 的切片机制可以有一个额外的第三个参数，称为 step，使用形式如下：

subject [[*beginIndex*] : [*endIndex*] [: *step*]]

参数 step 也是可选的。如果省略，则默认值为 1。如果提供了该值，它将定义在从原始字符串中检索每个字符之后要向前移动的字符数。这里举一个例子：

```
                              file_11_3d
a = "Hello World"
print(a[4:10:2])        #step is set to 2. It displays: oWr
```

如果要从字符串的末尾（而不是开头）开始计数，可使用下例所示的负数索引：

```
                              file_11_3e
a = "Hello World"

print(a[3:-2])          #It displays: lo Wor
print(a[-4:-2])         #It displays: or
print(a[-3:])           #It displays: rld
print(a[:-3])           #It displays: Hello Wo
```

练习 11.3.1　倒序显示一个字符串

编写一个 Python 程序，提示用户输入任何具有 4 个字母的单词，然后倒序显示其内容。例如，如果输入的单词是"Zeus"，则程序必须显示"sueZ"。

解答

下面介绍 3 种方式。

第一种方式

假设用户的输入内容被赋值给变量 s。您可以使用 s [3] 访问第四个字母，使用 s [2] 访问第三个字母，依此类推。以下是 Python 程序：

file_11_3_1a

```
s = input("Enter a word with four letters: ")

s_reversed = s[3] + s[2] + s[1] + s[0]

print(s_reversed)
```

第二种方式

这种方式将 4 个字母分解到 4 个单独的变量中，如下所示：

file_11_3_1b

```
s = input("Enter a word with four letters: ")

a, b, c, d = s
s_reversed = d + c + b + a

print(s_reversed)
```

第三种方式

这种方式使用 -1 作为参数 step 的值：

file_11_3_1c

```
s = input("Enter a word with four letters: ")

s_reversed = s[::-1]

print(s_reversed)
```

■ 11.4 有用的函数和方法

1. 字符串替换

subject.replace(*search*, *replace*)

此方法在 subject 中搜索内容，并用字符串 replace 替换字符串 search 的所有匹配项。

例

file_11_4a

```
a = "I am newbie in Java. Java rocks!"
b = a.replace("Java", "Python")

print(b)            #It displays: I am newbie in Python. Python rocks!
print(a)            #It displays: I am newbie in Java. Java rocks!
```

2. 字符计数

`len(`*subject*`)`

此函数返回 subject 的长度，换句话说，也就是 subject 包含的字符数（包括空格字符、符号、数字等）。

例

---
file_11_4b

```
a = "Hello Olympians!"
print(len(a))          #It displays: 16

b = "I am newbie in Python"
k = len(b)
print(k)               #It displays: 21
```

3. 查找字符串的位置

subject`.find(`*search*`)`

该方法找到 subject 中 search 第一次出现的位置。

例

---
file_11_4c

```
a = "I am newbie in Python. Python rocks!"

i = a.find("newbie")

print(i)               #It displays: 5
print(a.find("Python")) #It displays: 15
print(a.find("Java"))   #It displays: -1
```

请记住！第一个字符的位置是0。

4. 转换为小写字符串

subject`.lower()`

此方法返回转换为小写的 subject。

例

---
file_11_4d

```
a = "My NaMe is JohN"
b = a.lower()

print(b)               #It displays: my name is john
print(a)               #It displays: My NaMe is JohN
```

5. 转换为大写字符串

subject`.upper()`

此方法返回转换为大写的 subject。

例

```
                          file_11_4e

a = "My NaMe is JohN"
b = a.upper()

print(b)              #It displays: MY NAME IS JOHN
print(a)              #It displays: My NaMe is JohN
```

例

```
                          file_11_4f

a = "I am newbie in Java. Java rocks!"
b = a.replace("Java", "Python").upper()

print(b)              #It displays: I AM NEWBIE IN PYTHON. PYTHON ROCKS!
print(a)              #It displays: I am newbie in Java. Java rocks!
```

> **提示**
>
> 请注意 replace() 方法是如何被"链接"到 upper() 方法的，第一个方法的结
> 果被用作第二个方法的 subject。链接是大多数程序员喜欢的编写风格，因为
> 这种写法可以节省很多代码行。没错，您可以链接任意多的方法，但是如果
> 链接太多，可能导致没有人能够理解您的代码。

6. 将数字转换为字符串

```
str(number)
```

这个函数返回一个字符串版本的 number，换句话说，它将一个数字（实数或整数）转换成
一个字符串。

例

```
                          file_11_4g

age = int(input("Enter your age: "))

new_age = age + 10
message = "You will be " + str(new_age) + " years old in 10 years from now!"

print(message)
```

练习 11.4.1　创建一个登录 ID

编写一个提示用户输入他或她的姓氏的 Python 程序，然后取姓氏的前 4 个字母（小写）和一个随机的 3 位整数创建一个登录 ID。

解答

要创建一个随机整数，我们可以使用 randrange() 函数。由于我们需要 3 位随机整数，所以数字范围必须介于 100 ~ 999。

Python 程序如下所示：

file_11_4_1

```python
import random

last_name = input("Enter last name: ")

#Get a random integer between 100 and 999
random_int = random.randrange(100, 1000)

#Create login ID
login_id = last_name[:4].lower() + str(random_int)

print(login_id)
```

练习 11.4.2　切换名字的顺序

编写一个 Python 程序，提示用户输入一个由名字和姓氏构成的字符串。最后，程序必须改变名和姓的顺序。

解答

在此练习中，我们必须拆分字符串并将名和姓赋给不同的变量。如果做到了这一点，那么就可以用不同的顺序重新拼接它们。

让我们试着通过一个例子理解这个练习。以下显示您必须拆分的字符串及其各个字符的位置。

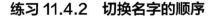
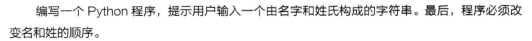

看起来是空格字符将名字与姓氏分开。问题在于空格字符并不总是在第三个位置。有人可以有一个简短的名字，如"Tom"，而其他人可以有一个像"Robert"这样更长的名字。因此，我们需要一个能够真正找到空格字符位置的方法，无论字符串的内容如何。

find() 方法就是您要找的方法！如果使用它来查找字符串"Tom Smith"中空格字符的位置，则返回的值为 3。但是，如果使用它来查找另一个字符串（如"Angelina Brown"）中的空格字符，则返回值为 8。

提示

值 3 不只是空格字符存在的位置。值 3 也是单词 "Tom" 包含的字符的数量！

这同样适用于字符串 "Angelina Brown" 返回值为 8。值 8 既是空格字符存在的位置，也是 "Angelina" 所包含的字符的数量。

该算法的 Python 程序实现如下：

---
file_11_4_2

```python
full_name = input("Enter your full name: ")

#Find the position of space character. This is also the number
#of characters first name contains
space_pos = full_name.find(" ")

#Get space_pos number of characters starting from position 0
name1 = full_name[:space_pos]

#Get the rest of the characters starting from position space_pos + 1
name2 = full_name[space_pos + 1:]

full_name = name2 + " " + name1
print(full_name)
```

提示

请注意，您不能在这个程序中使用西班牙名字，例如 "Maria Teresa García Ramírez de Arroyo。"原因是显而易见的！

练习 11.4.3 创建一个随机单词

编写一个 Python 程序，显示一个由 3 个字母组成的随机单词。

解答

要创建一个随机单词，我们需要有一个包含全部 26 个英文字母的字符串。然后，可以使用 randrange() 函数在位置 0 ～ 25 选择一个随机字母。

该算法的 Python 程序实现如下：

---
file_11_4_3a

```python
import random

ab = "abcdefghijklmnopqrstuvwxyz"
```

```
random_letter1 = ab[random.randrange(26)]
random_letter2 = ab[random.randrange(26)]
random_letter3 = ab[random.randrange(26)]

random_word = random_letter1 + random_letter2 + random_letter3
print(random_word)
```

我们也可以使用 len() 函数获取字符串 ab 的长度，如下所示：

file_11_4_3b

```
import random

ab = "abcdefghijklmnopqrstuvwxyz"

random_letter1 = ab[random.randrange(len(ab))]
random_letter2 = ab[random.randrange(len(ab))]
random_letter3 = ab[random.randrange(len(ab))]

random_word = random_letter1 + random_letter2 + random_letter3
print(random_word)
```

> **提示**
>
> 请注意函数 len() 是如何嵌套在函数 randrange() 中的。内部（嵌套的）函数的结果被用作外部函数的参数。嵌套是大多数程序员喜欢的代码编写风格，因为这种写法有助于节省大量的代码行。当然，如果您嵌套了太多的函数（或方法），就没有人能够理解您编写的代码了。一般最多可以接受 4 层的嵌套。

11.5 复习题：判断对错

判断以下语句的真假。

1. 字符串是您能够用键盘输入的任何内容。

2. 字符串必须用圆括号括起来。

3. "Hi there!"（不包含双引号）包含 8 个字符。

4. 在 "Hi there!"（不含双引号）中 "t" 所在的位置为 3。

5. 语句 y = x[1] 将变量 x 中包含的字符串的第二个字符赋给变量 y。

6. 语句 print("Hi there！".replace("Hi", "Hello")) 显示的信息为 "Hello there！"

7. 以下代码片段：

```
a = "Hi there"
index = a.find("the")
```

将值 4 赋给变量 index。

8. 语句 print（"hello there".upper()) 显示的信息为 "Hello there"。

9. 语句 print(a [: len(a)]) 显示变量 a 的一些字母。

10. 以下代码片段：

```
y = "hello there!"
print(y[:5].upper())
```

显示 "HELLO"（不带双引号）。

■ 11.6 复习题：选择题

选择正确的答案。

1. 以下哪一项不是字符串？

a. "Hello there!"

b. "13"

c. "13.5"

d. 以上都是字符串

2. 字符串"Hello Zeus！"中的空格字符在哪个位置？

a. 6   c. 空格不是字符

b. 5   d. 以上都不对

3. 语句 print(a [len(a) − 1]) 显示＿＿＿＿。

a. 变量 a 的最后一个字符

b. 变量 a 的倒数第二个字符

c. 该语句无效

4. 语句 a.replace（" "，""）表示＿＿＿＿。

a. 在变量 a 中的每个字母之间添加一个空格

b. 删除变量 a 中的空格

c. 清空变量 a

5. 以下代码片段

```
a = ""
print(len(a))
```

显示＿＿＿＿。

a. 不显示任何内容。

b. 1   d. 程序语句无效

c. 0   e. 以上都不是

6. 以下代码片段将哪个值赋给变量 Shakespeare？

```
toBeOrNotToBe = "2b Or Not 2b"
Shakespeare = toBeOrNotToBe.find("b")
```

a. 1   c. 6

b. 2   d. 以上都不是

7. 以下代码片段的作用是＿＿＿＿。

```
a = "Hi there"
b = a[a.find(" ") + 1:]
```

a. 将"Hi"赋给变量 b

b. 将空格字符赋给变量 b

c. 将单词"there"赋给变量 b

d. 以上都不是

■ 11.7　巩固练习

完成以下练习：

1．编写一个 Python 程序，提示用户输入他或她的名字、中名、姓和自己喜欢的称呼（先生、太太、女士、博士等），并按照以下格式进行显示：

称呼 名字 中名 姓氏

名字 中名 姓氏

姓氏，名字

姓氏，名字 中名

姓氏，名字 中名，称呼

名字 姓氏

例如，假设用户输入以下内容。

名字：Aphrodite

中名：Maria

姓氏：Boura

职位：Ms.

该程序必须以下列所有方式显示格式化的用户名称：

```
Ms. Aphrodite Maria Boura
Aphrodite Maria Boura
Boura, Aphrodite
Boura, Aphrodite Maria
Boura, Aphrodite Maria, Ms.
Aphrodite Boura
```

2．编写一个 Python 程序，创建并显示由 4 个字母组成的随机单词且第一个字母必须是大写字母。

3．编写一个 Python 程序，提示用户输入他或她的名字，然后创建一个密码，该密码由 3 个字母（小写，随机从他或她的名字中挑选出来）和一个随机 4 位数字组成。例如，如果用户输入"Vassilis Bouras"，则密码可能是"sar1359"或"vbs7281"或"bor1459"中之一。密码中不允许有空格字符。

■ 11.8　复习题

请回答以下问题：

1．计算机科学中的函数或方法是什么？

2．什么是 Python 中的"切片"？

3. 术语"链接方法"是什么意思?

4. 术语"嵌套函数"是什么意思?

扫码看视频

第 12 章　提出问题

■ 12.1　引言

到目前为止，您所学到的只是顺序结构。这种结构的程序语句按顺序执行，执行顺序与在程序中出现的次序相同。然而，在真正的 Python 编程中，您很少想要语句按顺序执行。很多时候，我们希望在一种情况下执行一个语句块，在另一种情况下执行完全不同的语句块。

提示

在"决策结构"（也称为"选择结构"）中，提出问题，根据问题答案，计算机决定是否执行特定语句或语句块。

■ 12.2　如何编写简单的问题

假设变量 x 的值是 5，这意味着如果您的问题是"x 大于 2 吗？"，则答案显然是"是"。对于计算机来说，这些问题被称为布尔表达式。例如，如果您写的是 x > 2，这就是一个布尔表达式，计算机必须检查表达式 x > 2 的结果是 True 还是 False。

布尔表达式的书写方式为：

Operand1　Comparison_Operator　Operand2

其中，

- Operand1 和 Operand2 可以是值、变量或数学表达式。
- Comparison_Operator 可以是表 12.2-1 中任意一个比较运算符。

表 12.2-1　　　　　　　　　　Python 中的比较运算符

比较运算符	说明
==	相等（不是赋值运算）
!=	不相等
>	大于
<	小于
>=	大于等于
<=	小于等于

下面是一些布尔表达式的例子：

- x > y。这个布尔表达式表示的问题可以被计算机理解为"x 大于 y 吗？"
- x != 3 * y + 4。这个布尔表达式表示的问题可以被计算机理解为"x 不等于 3 * y + 4 的值吗？"
- s == "Hello"。可以被理解为"s 等于 Hello 吗？"换句话说，这个问题可以被理解为"s 的内容是单词 Hello 吗？"
- x == 5。这个问题可以被理解为"x 等于 5 吗？"

> **提示**
>
> 在编写 python 程序时，新手程序员常犯的一个错误是混淆使用赋值运算符和相等运算符。当他们想问是否 x == 5 时却经常错写成 x = 5。

请记住！布尔表达式表示提问，它们应该被解读为"某物是否等于/大于/小于别的什么东西？"，答案是"是"或"否"（即True或False）。

布尔表达式实际上会返回一个值（True 或 False），这个值可以直接赋值给一个变量。例如，表达式：

```
a = x > y
```

给布尔变量 a 赋值 True 或 False。它可以被理解为"如果变量 x 的值大于变量 y 的值，则将值 True 赋给变量 a; 否则，则赋给其 False。"下一个例子在屏幕上显示值 True：

```
x = 8
y = 5

a = x > y
print(a)
```

练习 12.2.1 填表

根据变量 a 和 b 的值使用"True"或"False"补全下表。

a	b	a == 10	b <= a
3	-5		
10	2		
4	2		
-4	-2		
10	10		
2	10		

解答

关于该表格的一些说明：

- 只有当变量 a 的值是 10 时，布尔表达式（即问题）a == 10 才为 True。
- 只有当 b 小于或等于 a 时，布尔表达式（即问题）b <= a 才为 True。

所以表格变成了：

a	b	a==10	b<=a
3	-5	False	True
10	2	True	True
4	2	False	True
-4	-2	False	False
10	10	True	True
2	10	False	False

12.3 逻辑运算符和复杂的问题

可以根据较简单的布尔表达式构建较复杂的问题（复合布尔表达式），可以写成：

`Boolean_Expression1   Logical_Operator   Boolean_Expression2`

其中，

- Boolean_Expression1 和 Boolean_Expression2 可以是任何简单的布尔表达式。
- Logical_Operator 可以是表 12.3-1 中显示的项之一。

表 12.3-1   Python 中的逻辑运算符

逻辑运算符
and
or
not

提示

当我们使用逻辑运算符组合简单的布尔表达式时，整个布尔表达式被称为"复合布尔表达式"。例如，表达式 x == 3 and y > 5 就是一个复合布尔表达式。

1. and运算符

当在两个简单布尔表达式之间使用 and 运算符时，意味着只有当两个布尔表达式都为 True 时，整个复合布尔表达式才为 True。

我们可以将这些信息组织成一个真值表。真值表显示了由两个或多个简单布尔表达式之间的值组合的所有可能的逻辑运算结果。以下是 and 运算符的真值表：

布尔表达式 1 （BE1）	布尔表达式 2 （BE2）	BE1 and BE2
False	False	False
False	True	False
True	False	False
True	True	True

您还感到困惑吗？不应该了！这很简单！我们来看一个例子。复合布尔表达式：

```
name == "John" and age > 5
```

仅当变量 name 的值为"John"（不含双引号）且变量 age 的值大于 5 时才为 True。两个布尔表达式都必须为 True。如果其中至少有一个表达式是 False，比如变量 age 的值为 3，那么整个复合布尔表达式就是 False。

2. or运算符

当您在两个简单布尔表达式之间使用 or 运算符时，意味着当第一个或第二个布尔表达式（两者中至少一个）为 True 时，则整个复合布尔表达式为 True。

以下是 or 运算符的真值表：

布尔表达式 1 (BE1)	布尔表达式 2 (BE2)	BE1 or BE2
False	False	False
False	True	True
True	False	True
True	True	True

我们来看一个例子。复合布尔表达式

```
name == "John" or name == "George"
```

当变量 name 的值为"John"或"George"（不含双引号）时为 True。至少有一个布尔表达式必须为 True。如果两个布尔表达式都为 False，例如变量 name 的值为"Maria"，则整个复合布尔表达式为 False。

3. not运算符

当您在一个简单布尔表达式前面使用 not 运算符时，这意味着当该简单布尔表达式为 False 时，整个复合布尔表达式为 True，反之亦然。

以下是 not 运算符的真值表：

布尔表达式 (BE)	not BE
False	True
True	False

让我们看一个例子。以下复合布尔表达式

```
not age > 5
```

当变量 age 值小于或等于 5 时为 True，如果变量 age 值为 6，则复合布尔表达式为 False。

请记住！逻辑运算符 not 颠倒布尔表达式的值。

12.4 Python 成员关系运算符

在 Python 中，成员关系运算符评估一个变量是否存在于指定序列中。成员关系运算符有两个，如表 12.4-1 所示。

表 12.4-1   Python 中的成员关系运算符

成员关系运算符	说明
in	如果在指定的序列中找到值返回 True，否则返回 False
not in	如果在指定的序列中没有找到值返回 True，否则返回 False

以下是一些使用成员关系运算符的布尔表达式的例子：

- x in [3, 5, 9]。这个式子可以被理解为"x 是否等于 3、或等于 5、或等于 9？"。式子也可以被写成：

```
x == 3 or x == 5 or x == 9
```

- x in "ab"。这个式子可以被理解为"x 是否等于字符"a"，或等于字符"b"，或等于字符串"ab"？"。式子也可以写成：

```
x == "a" or x == "b" or x == "ab"
```

- x in ["a"，"b"]。这个式子可以被理解为"x 是否等于字符"a"，或等于字符"b"？"。式子也可以写成：

```
x == "a" or x == "b"
```

- x not in ["a"，"b"]。这个式子可以被理解为"x 是否不等于字符"a"且不等于字符"b"？"。式子也可以写成：

```
not(x == "a" or x == "b")
```

12.5 逻辑运算符的优先顺序

更复杂的布尔表达式可能会使用多个逻辑运算符，如下所示：

```
name == "Peter" or age > 10 and not name == "Maria"
```

自然而然产生的问题是"先执行哪一个逻辑操作？"

Python 的逻辑运算符遵循适用于大多数编程语言的相同的优先规则。优先顺序是先执行 not

逻辑运算符，然后执行 and 逻辑运算符，最后执行 or 逻辑运算符。

高优先级	逻辑运算符
↑	not
	and
低优先级	or

提示

您始终可以使用圆括号来更改默认优先级。

■ 12.6 算术、比较和逻辑运算符的优先顺序

在很多情况下，一个表达式可能包含不同类型的运算符，例如下面的表达式：

```
a * b + 2 > 21 or not(c == b / 2) and c > 13
```

这个例子中，首先执行算术运算符，然后执行比较运算符，最后执行逻辑运算符，如下所示：

高优先级		
	算术运算符	**
↑		*, /
		+, −
	比较和成员关系运算符	<, <=, >, >=, ==, !=, in, not in
		not
	逻辑运算符	and
低优先级		or

练习 12.6.1　补全真值表

根据变量 a、b 和 c 的值将"True"或"False"填在下表中：

a	b	c	a > 2 or c > b and c > 2	not(a > 2 or c > b and c > 2)
1	−5	7		
−4	−2	−9		

解答

要计算出一个复合布尔表达式的结果，您可以使用以下的图表化方法：

使 a = 1，b = −5，c = 7，

最终的结果是 True。

请记住！and运算优先级更高且在or运算之前执行。

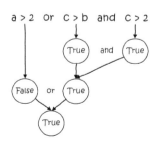

使 a = -4，b = -2，c = -9，

最终的结果是 False。

由于第五列标题中的布尔表达式与第四列中的布尔表达式几乎相同，因此可以轻松计算表格第五列中的值，唯一的区别是表达式前面的 not 运算符。因此，第五列的值可以通过简单地反转第四列的结果得到。

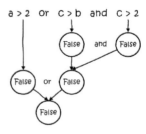

a	b	c	a > 2 or c > b and c > 2	not(a > 2 or c > b and c > 2)
1	-5	7	True	False
-4	-2	-9	False	True

■ 12.7 将自然语句转换为布尔表达式

一位老师要求学生根据自己的年龄举手。她希望找到以下学生：

（1）年龄在 9 岁到 12 岁之间；

（2）8 岁以下和 11 岁以上；

（3）8 岁、10 岁和 12 岁；

（4）年龄在 6 岁到 8 岁之间，以及在 10 岁到 12 岁之间；

（5）不是 10 岁也不是 12 岁。

解答

为了组合所需的布尔表达式，以下使用了变量 age。

（1）"9 岁到 12 岁之间"可以用图形表示如下：

但要注意！在数学计算中 $9 \leq age \leq 12$ 是有效的，在 Python 中可以写成：

```
9 <= age <= 12
```

然而，在大多数计算机语言中，这是个无效的布尔表达式。您可以将表达式切割成两部分，如下所示：

```
age >= 9 and age <= 12
```

这个表达式在大多数计算机语言中都是有效的，包括 Python。

为了确认编写正确，您可以测试这个布尔表达式的"感兴趣区域"（即您指定的数据范围）内外的几个值。例如，对于年龄值 7、8、13 和 17，表达式的结果是 False。相反，对于年龄值 9、10、11 和 12，结果是 True。

（2）"8 岁以下和 11 岁以上"可以用图形表示如下：

注意"8岁以下和11岁以上"这个句子。这是一个陷阱！不要犯以下编写错误：

```
age < 8 and age > 11
```

提示

请注意比解答（i）缺少两个圆圈。这意味着值 8 和 11 不包含在两个感兴趣区域内。

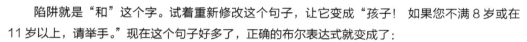

地球上没有哪个人的年龄能同时在 8 岁以下和 11 岁以上。

陷阱就是"和"这个字。试着重新修改这个句子，让它变成"孩子！ 如果您不满 8 岁或在 11 岁以上，请举手。"现在这个句子好多了，正确的布尔表达式就变成了：

```
age < 8 or age > 11
```

为了确认编写正确，您可以测试这个布尔表达式的"感兴趣区域"内外的几个值。例如，对于年龄值 8、9、10 和 11，表达式的结果为 False。相反，对于年龄值 6、7、12 和 15，结果为 True。

然而，在 Python 中，不要错写成：

```
8 > age > 11
```

因为如果将表达式分成两部分，就相当于：

```
age < 8 and age > 11
```

如前面所述，这是不正确的！

（3）哎呀！"8 岁、10 岁和 12 岁"这个句子又出现了"和"陷阱！很明显，下面这个布尔表达式是错误的：

```
age == 8 and age == 10 and age == 12
```

和之前所述的一样，没有同时是 8 岁和 10 岁和 12 岁的学生！再次说明，正确的布尔表达式必须使用 or 运算符。

```
age == 8 or age == 10 or age == 12
```

为了确认编写正确，您可以测试这个布尔表达式的"感兴趣区域"内外的几个值。例如，对于年龄值 7、9、11 和 13，表达式的结果为 False。对于年龄值 8、10 和 12，结果为 True。

在 Python 中，这个复合布尔表达式还可以写为：

```
age in [8, 10, 12]
```

（4）"年龄在 6 岁到 8 岁之间，以及在 10 岁到 12 岁之间"可以用如下图形表示：

布尔表达式如下：

```
age >= 6 and age <= 8 or age >= 10 and age <= 12
```

为了确认编写正确，对于年龄值 5、9、13 和 16 表达式的结果是 False，对于年龄值 6、7、8、10、11 和 12，结果为 True。

在 Python 中，该复合布尔表达式也可以写为：

```
6 <= age <= 8 or 10 <= age <= 12
```

（5）"不是 10 岁也不是 12 岁"的布尔表达式可以写为：

```
age != 10 and age != 12
```

在 Python 中，该复合布尔表达式也可以写为：

```
age not in [10, 12]
```

请记住！当感兴趣区域的箭头彼此指向时，必须使用and逻辑运算符，否则必须使用or逻辑运算符。

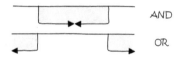

■ 12.8 复习题：判断对错

判断以下语句的真假。

1. 布尔表达式是结果总是取两值之一的表达式。

2. 布尔表达式至少包含一个逻辑运算符。

3. 在 Python 中，表达式 x = 5 测试变量 x 是否等于 5。

4. 语句 a = b == c 不是一个有效的 Python 语句。

5. 布尔表达式 b < 5 测试变量 b 是否小于或等于 5。

6. 当两个简单布尔表达式通过 or 运算符连接，如果两个简单布尔表达式具有不同的值，则结果一定为 True。

7. 表达式 c == 3 and d > 7 是一个复合布尔表达式。

8. 仅当两个操作数（布尔表达式）均为 True 时，or 逻辑运算符的结果为 True。

9. 当变量 x 包含除 5 之外的任何值时，布尔表达式 not（x == 5）的结果为 True。

10. not 运算符在逻辑运算符中的优先级最高。

11. or 运算符在逻辑运算符中的优先级最低。

12. 在布尔表达式 x > y or x == 5 and x <= z 中，and 运算在 or 运算之前执行。

13. 在布尔表达式 a * b + c > 21 or c == b / 2 中，程序首先测试 c 是否大于 21。

14. 当老师想找到 8 岁以下和 11 岁以上的学生时，相应的布尔表达式为 8 > a > 11。

15. 无论 x 取什么值，布尔表达式 x < 0 and x > 100 总是 False。

16. 无论 x 取什么值，布尔表达式 x > 0 or x < 100 总是 True。

17. 布尔表达式 x > 5 等价于 not(x < 5)。

18. 在威廉·莎士比亚[1] 的哈姆雷特（第三场景第一幕）中，主角说："To be, or not to be: that is the question..."。如果您将这句台词写成布尔表达式：

```
to_be or not to_be
```

对于下面的代码片段，"莎士比亚"表达式的结果总是为 True。

```
to_be = 1 > 0
result = to_be or not to_be
```

19. 布尔表达式 not(not(x > 5)) 等价于 x > 5。

■ 12.9 复习题：选择题

选择正确的答案。

1. 以下哪一个不是比较运算符？

a. >=

b. =

c. <

d. 以上都是

2. 以下哪一个不是 Python 逻辑运算符？

a. nor   d. 以上都不是

b. not

c. 以上都是

3. 如果变量 x 的值为 5，那么语句 y = x > 1 赋给变量 y 的值是什么？

a. True

b. False

c. 以上都不是

4. 如果变量 x 的值为 5，那么语句 y = x < 2 or x == 5 赋给 y 的值是什么？

a. True

b. False

c. 以上都不是

5. 实验室的温度应在 50 ~ 80°F。下列哪个布尔表达式可以表示这个条件？

a. t >= 50 or t <= 80

b. 50 < t < 80

c. t >= 50 and t <= 80

d. t > 50 or t < 80

■ 12.10 巩固练习

完成以下练习：

----

[1] 威廉·莎士比亚（William Shakespeare，1564—1616）是英国诗人、剧作家和演员。他常常被誉为英国的民族诗人。一生写了大约 40 出戏剧和几首长篇叙事诗。他的作品被认为是世界文学的最佳代表之一。他的戏剧已被翻译成各种主要的语言，今天仍然在世界各地上演。

1. 将第一列中的每个元素与第二列中的一个或多个元素进行匹配。

运算符	符号
i. 逻辑运算符	a. +=
ii. 算术运算符	b. and
iii. 比较运算符	c. ==
iv. 赋值运算符（一般来说）	d. or
	e. >=
	f. not
	g. =
	h. *=
	i. /

2. 根据变量 a、b 和 c 的值使用"True"或"False"填充下表。

a	b	c	a != 1	b > a	c / 2 > 2 * a
3	−5	8			
1	10	20			
−4	−2	−9			

3. 根据布尔表达式 BE1 和 BE2 的值使用"True"或"False"填充下表。

布尔表达式 1（BE1）	布尔表达式 2（BE2）	BE1 or BE2	BE1 and BE2	not(BE2)
False	False			
False	True			
True	False			
True	True			

4. 根据变量 a、b 和 c 的值使用"True"或"False"填充下表。

a	b	c	a > 3 or c > b and c > 1	a > 3 and c > b or c > 1
4	−6	2		
−3	2	−4		

5. 已知 x = 4，y = −2 且 flag = True，用相应的值填写下表。

表达式	值
(x + y) ** 3	
(x + y) / (x ** 2 - 14)	
(x - 1) == y + 5	
x > 2 and y == 1	
x == 1 or not(flag == False)	

6. 老师要求学生根据自己的年龄举手。她想找到这样的学生：

a. 年龄在 12 岁以下，但不是 8 岁。

b. 年龄在 6 岁到 9 岁之间，以及 11 岁。

c. 年龄大于 7 岁，但不是 10 岁或 12 岁。

d. 年龄为 6 岁、9 岁和 11 岁。

e. 年龄在 6 岁到 12 岁之间，但不是 8 岁。

f. 不是 7 岁也不是 10 岁。

要编写所需的布尔表达式，可使用变量 age。

■ 12.11 复习题

请回答以下问题：

1. 什么是布尔表达式？

2. Python 支持哪些比较运算符？

3. and 逻辑运算符何时返回 True？

4. or 逻辑运算符何时返回 True？

5. 说明逻辑运算符的优先顺序。

6. 说明算术、比较、成员和逻辑运算符的优先顺序。

第 13 章 提出问题—if 结构

■ 13.1 if 结构

if 结构是最简单的决策结构。它只执行 "True" 路径上的语句或语句块。

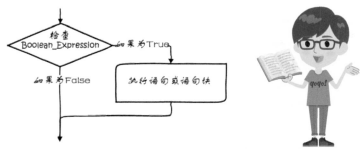

如果布尔表达式的计算结果为 True，则会执行该结构的语句或语句块；否则，跳过语句。
Python 语句的一般形式是：

```
if Boolean_Expression:
    #Here goes
    #a statement or block of statements
```

在下一个示例中，仅当用户输入的值小于 18 时才会显示信息 "You are underage!"。当用户输入的值大于或等于 18 时，不显示任何内容。

file_13_1a

```
age = int(input("Enter your age: "))

if age < 18:
    print("You are underage!")
```

提示

请注意 print() 语句缩进 4 个空格。

在下一个示例中，只有当用户输入的值小于 18 时，才会显示信息 "You are underage!" 和信息 "You have to wait for a few more years."。与之前相同，用户输入大于或等于 18 的值时，不显示任何内容。

file_13_1b

```
age = int(input("Enter your age: "))

if age < 18:
    print("You are underage!")
    print("You have to wait for a few more years.")
```

在下一个例子中，只有当用户输入文字 "Zeus" 时，才显示 "You are the King of the

Gods！"。不过，不管用户输入什么名字，总是会显示"You live on Mount Olympus."消息。

file_13_1c

```python
name = input("Enter the name of an Olympian: ")

if name == "Zeus":
    print("You are the King of the Gods!")

print("You live on Mount Olympus.")
```

提示

编写 Python 程序时新手程序员有一个常犯的错误，即把赋值运算符和"相等"运算符混淆在一起。他们经常把实际想表达的 if name == "Zeus" 错写成 if name = "Zeus"。

提示

请注意最后的 print() 语句没有缩进，所以这条语句不属于 if 结构语句块。

提示

Python 是第一批强制缩进的编程语言之一。Python 通过缩进表示哪几条语句是一个语句分组中的一部分。缩进组被称为"语句块"或"代码块"。在其他语言中，缩进是一种良好的编写方式，然而在 Python 中，缩进是强制性的。块中的代码必须缩进。例如，同一个 if 语句中的语句必须用相同数量的空格向右缩进，否则它们就不被认为是 if 语句的一部分，而且你还可能会得到错误消息。关于代码块语法有两个简单的规则需要牢记：

- 代码块第一行的语句总是以冒号（:）字符结束。
- 块中第一行下面的所有代码必须缩进。

提示

Python 官方网站建议每个缩进级别使用 4 个空格。

提示

在不同于 Python 的计算机语言中，如 C、C++、C#、Java 或 Visual Basic，缩进不是强制性的，但它是必要的。缩进使得您的代码更易于阅读，并帮助程序员更轻松地学习和理解他人编写的代码。

练习 13.1.1　确定显示内容

尝试确定以下 Python 程序在两次不同的执行过程中每个步骤中变量的值，并确定用户屏幕上显示的内容。

两次执行的输入值分别是（ⅰ）6 和（ⅱ）4。

file_13_1_1

```python
x = int(input())

y = 5
if x * 2 > 10:
    y = x * 3
    x = x * 2

print(y, x)
```

解答

ⅰ.　对于输入值 6：

（1）将值 6 赋值给变量 x。

（2）将值 5 赋值给变量 y。

（3）布尔表达式 x * 2 > 10 执行结果为 True

（4）执行 if 结构中的两条语句。

（5）值 18 和 12 显示在用户的屏幕上。

ⅱ.　对于输入值 4：

（1）将值 4 赋值给变量 x。

（2）将值 5 赋值给变量 y。

（3）布尔表达式 x * 2 > 10 的执行结果为 Fasle。因此，if 结构中的两条语句不会执行。

（4）值 5 和 4 显示在用户的屏幕上。

练习 13.1.2　你可以开车吗?

编写一个 Python 程序，提示用户输入其年龄，当输入的年龄大于或等于 15 时显示信息 "You can drive a car in Kansas (USA)"。

解答

在这个练习中，程序必须提示用户输入他或她的年龄（整数，没有小数部分），程序必须检测该年龄已决定是否显示给定的信息。解决方案如下：

file_13_1_2

```
age = int(input("Enter your age: "))

if age >= 15:
    print("You can drive a car in Kansas (USA)")
```

练习 13.1.3　使用 if 结构找出最小值和最大值

编写一个 Python 程序，提示用户输入 4 个人的体重，然后找出并显示最轻的体重。

解答

假设有一些人，您希望找到其中体重最轻的一个。假设经过的每个人都告诉您他的体重。您要做的是记住第一个人的体重，对于每个新经过的人来说，你必须把他的体重与您记住的体重相比较。如果他更重，就忽略他的体重。但是，如果他更轻，则要忘记之前的体重并记住新的体重。继续执行同样的步骤，直到所有的人都经过。

让 4 个人按随机顺序经过。按照出现的顺序假设他们的体重分别为 165 磅、170 磅、160 磅和 180 磅。

步骤	您的头脑中变量 minimum 的值
第一个人经过。他的体重为 165 磅。记住他的体重（在您的头脑中想象有一个变量 minimum）	minimum = 165
第二个人经过。他的体重为 170 磅。他的体重不比 minimum 中存储的值小，所以必须忽略。您头脑中的变量 minimum 的值依旧为 165	minimum = 165
第三个人经过。他的体重是 160 磅，这个体重小于保存在 minimum 的值，所以您必须忘记之前的值，使 minimum 的值为 160	minimum = 160
第四个人经过。他的体重为 180 磅。他的体重不比 minimum 中存储的值小，所以必须忽略，变量 minimum 的值依旧是 160	minimum = 160

当以上步骤结束时，您的头脑中变量 minimum 的值为最轻的人的体重值！

以下是相应的 Python 程序，提示用户输入 4 个人的体重，然后找到并显示体重最轻的人。

file_13_1_3a

```
w1 = int(input("Enter the weight of the 1st person: "))
w2 = int(input("Enter the weight of the 2nd person: "))
w3 = int(input("Enter the weight of the 3rd person: "))
w4 = int(input("Enter the weight of the 4th person: "))
```

```
#memorize the weight of the first person
minimum = w1

#If second one is lighter, forget
#everything and memorize this weight
if w2 < minimum:
    minimum = w2

#If third one is lighter, forget
#everything and memorize this weight
if w3 < minimum:
    minimum = w3

#If fourth one is lighter, forget
#everything and memorize this weight
if w4 < minimum:
    minimum = w4

print(minimum)
```

提示

您可以在所有布尔表达式中用"大于"运算符替换"小于"运算符找到最大值而不是最小值。

更 Python 化的方法是使用 min() 函数,如下所示:

提示

请注意此程序设法找出最小值而不是被赋值此最小值的变量。

file_13_1_3b

```
w1 = int(input("Enter the weight of the 1st person: "))
w2 = int(input("Enter the weight of the 2nd person: "))
w3 = int(input("Enter the weight of the 3rd person: "))
w4 = int(input("Enter the weight of the 4th person: "))

print(min(w1, w2, w3, w4))
```

练习 13.1.4　找出体重最重的人的名字

编写一个 Python 程序,提示用户输入 3 个人的体重和名字,然后显示体重最重的人的名字和体重值。

解答

在这个练习中,除了体重最大的人之外,还需要用另一个变量存储实际拥有该体重的人的名字。Python 程序如下所示:

file_13_1_4

```
w1 = int(input("Enter the weight of the 1st person: "))
n1 = input("Enter the name of the 1st person: ")

w2 = int(input("Enter the weight of the 2nd person: "))
n2 = input("Enter the name of the 2nd person: ")

w3 = int(input("Enter the weight of the 3rd person: "))
n3 = input("Enter the name of the 3rd person: ")

maximum = w1
m_name = n1      #This variable holds the name of the heaviest person

if w2 > maximum:
    maximum = w2
    m_name = n2     #Someone else is heavier. Keep his or her name.

if w3 > maximum:
    maximum = w3
    m_name = n3     #Someone else is heavier. Keep his or her name.

print("The heaviest person is", m_name)
print("His or her weight is", maximum)
```

> **提示**
>
> 如果两个最重的人恰好具有相同的体重，程序找出和显示的是用户输入的第一个人的信息。

■ 13.2 复习题：判断对错

判断以下语句的真假。

1. 当必须执行一系列语句时需要使用 if 结构。

2. 使用 if 结构可以让其他程序员更容易理解程序。

3. if 结构中包含的任何语句有可能都得不到执行。

4. 以下代码：

```
if = 5
x = if + 5
print(x)
```

在语法上是正确的。

■ 13.3 复习题：选择题

选择正确的答案。

1. if 结构被用在_____。

a. 语句相继被执行时

b. 执行一些语句之前必须先做出判断时

c. a 和 b 都不是

d. a 和 b 都是

2. 以下两个程序_____。

```
a = int(input())
if a > 40:
    print(a * 2)
if a > 40:
    print(a * 3)
```

```
a = int(input())
if a > 40:
    print(a * 2)
    print(a * 3)
```

a. 产生相同的结果

b. 不会产生相同的结果

3. 以下代码片段:

```
if x == 3:
    x = 5
y += 1
```

语句 y += 1_____。

a. 仅当变量 x 值为 3 时才执行

b. 仅当变量 x 值为 5 时才执行

c. 仅当变量 x 值不为 3 时才执行

d. 总会被执行

4. 以下代码片段:

```
x = y
if x != y:
    y += 1
```

语句 y += 1_____。

a. 总会被执行

b. 有时会被执行

c. 永远不会被执行

■ 13.4 巩固练习

完成以下练习:

1. 从以下 Python 程序中找出 5 处语法错误:

```
x = float(input())

5 = y
if x * y / 2 > 20
    y =* 2
```

```
        x = 4 * x²
print(x y)
```

2. 尝试确定以下 Python 程序在两次不同的执行过程中每个步骤中变量的值，并计算出用户屏幕上显示的内容。

两次执行的输入值分别为（ⅰ）3，（ⅱ）2。

```
x = int(input())

y = 2
if x * y > 7:
    y -= 1
    x -= 4

if x > 2:
    y += 10
    x = x ** 2

print(x, y)
```

3. 编写一个 Python 程序，提示用户输入一个数字，当输入的数字是正数时，显示"Positive"消息。

4. 编写一个 Python 程序，提示用户输入两个数字，当输入的两个数字都为正数时，显示"Positive"消息。

5. 编写一个 Python 程序，提示用户输入一个字符串，当输入的字符串只包含大写字符时，显示"Uppercase"消息。

提示：使用 upper() 方法。

6. 编写一个 Python 程序，提示用户输入一个字符串，当输入的字符串包含多于 20 个字符时，显示"Many characters"消息。

7. 编写一个 Python 程序，提示用户输入 3 个数字，如果其中一个是负数，则显示"Among the given numbers, there is a negative one！"消息。

8. 编写一个 Python 程序，提示用户输入在纽约 3 个不同位置点测量的 3 个温度值，如果平均值大于 60 ℉，则显示"Heat Wave"消息。

9. 编写一个 Python 程序，提示用户输入 4 个人的体重，找出并显示最重的体重。

10. 编写一个 Python 程序，提示用户输入 4 个人的年龄和名字，然后显示最年轻的人的名字。

11. 编写一个 Python 程序，提示用户输入 3 个人的年龄，然后找出并显示中间那个年龄值。

■ 13.5 复习题

回答以下问题：

1. 什么时候必须缩进一段代码？

2. 用 Python 语句编写一个 if 结构（使用一般形式），描述这个决策结构是如何运作的。

第 14 章 提出问题—if-else 结构

■ 14.1 if-else 结构

这是另一种决策结构。与 if 结构相比，这种类型的决策结构在两条路径（即"True"和"False"）上都包含一条语句或语句块。

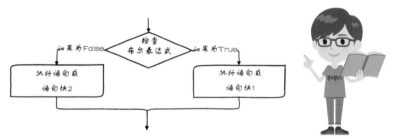

如果布尔表达式的计算结果为 True，则执行语句或语句块 1；否则，则执行语句或语句块 2。Python 语句的一般形式是：

```
if Boolean_Expression:
    #Here goes
    #a statement or block of statements 1
else:
    #Here goes
    #a statement or block of statements 2
```

在下一个示例中，当用户输入一个大于或等于 18 的值时，显示"You are adult!"消息。否则显示"You are underage!"消息：

file_14_1

```
age = int(input("Enter your age: "))

if age >= 18:
    print("You are an adult!")
else:
    print("You are underage!")
```

练习 14.1.1　找出输出信息

对于下面的 Python 程序，确定 3 次不同执行过程的输出消息。

3 次执行过程的输入值分别为：（ⅰ）3，（ⅱ）-3 和（ⅲ）0。

```
a = int(input())
if a > 0:
    print("Positive")
else:
    print("Negative")
```

解答

i. 当用户输入的值为 3 时，布尔表达式的计算结果为 True，并显示"Positive"消息。

ii. 当用户输入的值为 −3 时，布尔表达式的计算结果为 False，并显示"Negative"消息。

iii. 当用户输入的值为 0 时，布尔表达式的计算结果为 False。当然，再次显示"Negative"消息！

提示

嗨，不要操之过急！显然，这个程序不是很正确，0 不是一个负值！实际上，它也不是一个正值。本书稍后你将学习如何显示第三条信息"The number entered is zero."

练习 14.1.2 谁是最大值?

编写一个 Python 程序，提示用户输入两个数字 A 和 B，然后找出并显示两个数字中较大的一个。假设用户输入两个不同的值。

解答

您可以使用 if 或 if-else 结构解答这个练习。此外，第三种方法告诉你如何以更 Python 化的方式做到这一点！

1. 第一种方法 – 使用if-else结构

这种方法检测数字 B 的值是否大于数字 A 的值。如果是，则数字 B 是最大的；否则，数字 A 是最大的。Python 程序如下：

file_14_1_2a

```
a = float(input("Enter number A: "))
b = float(input("Enter number B: "))

if b > a:
    maximum = b
else:
    maximum = a

print("Greatest value:", maximum)
```

2. 第二种方法 – 使用if结构

这种方法首先假定数字 A 是最大的（这就是为什么将变量 a 的值赋给变量 maximum）。然而，如果数字 B 大于数字 A，则最大值被更新，即变量 maximum 被赋予一个新值，即变量 b 的值。因此无论发生什么，最终变量 maximum 总是为最大值！ Python 程序代码如下：

file_14_1_2b

```
a = float(input())
b = float(input())

maximum = a
if b > a:
    maximum = b

print("Greatest value:", maximum)
```

3. 第三种方法 – Python化的方法

这种方式最简单，无需使用任何决策结构，只需使用如下所示的 Python max() 函数：

file_14_1_2c

```
a = float(input())
b = float(input())

maximum = max(a, b)
print("Greatest value:", maximum)
```

练习 14.1.3　将加仑转换为公升，反之亦然

编写一个 Python 程序，显示以下选项：

（1）将加仑转换为公升

（2）将公升转换为加仑

然后，程序提示用户输入选项（1 或 2）和一个数量值。最后，程序必须计算并显示所需要的值。已知：

$$1 \text{ 加仑} = 3.785 \text{ 公升}$$

解答

Python 程序代码如下所示：

file_14_1_3

```
COEFFICIENT = 3.785

print("1: Gallons to liters")
print("2: Liters to gallons")
choice = int(input("Enter choice: "))

quantity = float(input("Enter quantity: "))
```

```
if choice == 1:
    result = quantity * COEFFICIENT
    print(quantity, "gallons =", result, "liters")
else:
    result = quantity / COEFFICIENT
    print(quantity, "liters =", result, "gallons")
```

■ 14.2 复习题：判断对错

判断以下语句的真假。

1. if-else 结构中包含的任何语句都可能不会被执行。

2. if-else 结构必须包含至少包含两条语句。

3. 语句

```
else = 2
```

在语法上是正确的。

4. 在 if-else 结构中，所计算的布尔表达式可以返回两个以上的值。

■ 14.3 复习题：选择题

选择正确的答案。

1. 以下两个程序_____。

```
a = int(input())
if a > 40:
    a += 1
    print(a * 2)
else:
    a += 1
    print(a * 3)
```

```
a = int(input())
a += 1
if a > 40:
    print(a * 2)
else:
    print(a * 3)
```

a. 产生相同的结果

b. 不会产生相同的结果

2. 以下两个程序_____。

```
a = int(input())

if a > 40:
    print(a * 2)
else:
    print(a * 3)
```

```
a = int(input())

if a > 40:
    print(a * 2)
if a <= 40:
    print(a * 3)
```

a. 产生相同的结果

b. 不会产生相同的结果

c. 以上两者都不对

3. 在下面的代码片段中

```
if x > 5:
    x = 0
else:
    x += 1
```

当满足以下哪一个条件时执行语句 x = 0？

a. 变量 x 大于 5 时

b. 变量 x 大于或等于 5 时

c. 变量 x 小于 5 时

d. 以上都不是

4. 在以下的代码片段中

```
if x > 0:
    x = 0
else:
    x += 1
```

当满足以下哪一个条件时执行语句 x += 1？

a. 变量 x 为负数时

b. 变量 x 等于零时

c. 变量 x 小于零时

d. 以上都是

5. 在以下的代码片段中

```
if x == 3:
    x = 5
else:
    x = 7
y += 1
```

当满足以下哪一个条件时执行语句 y += 1？

a. 当变量 x 的值为 3 时

b. 当变量 x 的值不为 3 时

c. 以上两者都是

■ 14.4 巩固练习

完成以下练习：

1. 尝试确定以下 Python 程序两次不同的执行过程中每个步骤中变量的值，并计算出用户屏幕上显示的内容。

两次执行过程的输入值分别为：（ⅰ）0，（ⅱ）1.5。

```
a = float(input())
if a >= 1:
    a = 5
else:
    a = 1
print(a)
```

2. 尝试确定以下 Python 程序两次不同执行过程中每个步骤中变量的值，并计算出用户屏幕上显示的内容。

两次执行过程的输入值是（i）3，（ii）0.5。

```
a = float(input())
z = a * 3 - 2
if z >= 1:
    y = 6 * a
else:
    z += 1
    y = 6 * a + z
print(z, y)
```

3. 使用 if-else 结构，编写一个 Python 程序，提醒用户输入一个数字，然后显示一条消息说明输入的数字是否大于 100。

4. 使用 if-else 结构，编写一个 Python 程序，提醒用户输入一个数字，然后显示一条消息说明输入的数字是否位于 0 到 100 之间。

5. 使用 if-else 结构，编写一个 Python 程序，提醒用户输入一个数字，然后显示一条消息说明输入的数字是否是 4 位整数。

提示：4 位整数在 1000 和 9999 之间。

6. 使用 if-else 结构，编写一个 Python 程序，提示用户输入两个值，然后确定并显示两个值中较小的值。假设用户输入两个不同的值。

7. 2004 年雅典奥运会跳远运动员参加了 3 次不同的资格赛。假设要获得参赛资格，运动员必须达到至少 8m 的平均跳远距离。编写一个 Python 程序，提示用户输入 3 个跳远成绩，然后在平均值大于或等于 8m 时显示"Qualified"消息，否则显示"Disqualified"消息。

第 15 章　提出问题—if-elif 结构

■ 15.1　if-elif 结构

if-elif 结构用于扩展选择分支的数量，如下图所示。

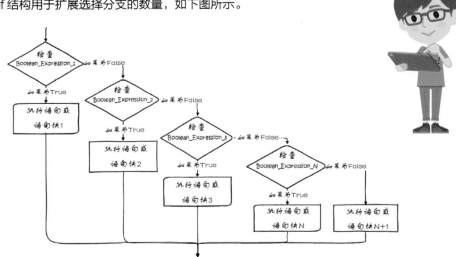

　　当执行 if-elif 结构时，将计算 Boolean_Expression_1。如果 Boolean_Expression_1 计算结果为 True，那么就会执行相应的语句或语句块，并忽略该结构的其余语句，也就是说，执行的流程将继续执行 if-elif 结构之后的任何语句。然而，如果 Boolean_Expression_1 的计算结果为 False，则执行流将计算 Boolean_Expression_2。如果 Boolean_Expression_2 计算结果为 True，那么就会执行紧接着的相应的语句或语句块，并忽略该结构的其余语句。这个流程持续执行直到有一个布尔表达式计算结果为 True，或者直到不再有剩余的布尔表达式。

　　当之前的布尔表达式计算结果都不为 True 时，则执行最后一个语句或语句块 N+1。另外，最后一个语句或语句块 N+1 是可选的，可以省略。这取决于您要解决的算法。

　　Python 语句的一般形式是：

```
if Boolean_Expression_1:
    #Here goes a statement or block of statements 1
elif Boolean_Expression_2:
    #Here goes a statement or block of statements 2
elif Boolean_Expression_3:
    #Here goes a statement or block of statements 3
.
.
.
elif Boolean_Expression_N:
    #Here goes a statement or block of statements N
else:
    #Here goes a statement or block of statements N + 1
```

提示

关键词 elif 是 "else if" 的缩写。

以下是一个简单的例子：

```
file_15_1
```

```python
name = input("What is your name? ")

if name == "John":
    print("You are my cousin!")
elif name == "Aphrodite":
    print("You are my sister!")
elif name == "Loukia":
    print("You are my mom!")
else:
    print("Sorry, I don't know you.")
```

练习 15.1.1 计算输出信息

尝试计算以下 Python 程序 3 次不同执行过程中每个步骤中变量的值，并判断用户屏幕上显示的内容。

3 次执行的输入值分别为（ⅰ）5、8,（ⅱ）2、0,（ⅲ）1、-1。

```
file_15_1_1
```

```python
a = int(input())
b = int(input())

if a > 3:
    print("Message #1")
elif a > 1 and b <= 10:
    print("Message #2")
    print("Message #3")
elif b == 0:
    print("Message #4")
else:
    print("Message #5")

print("The End!")
```

解答

ⅰ. 对于输入值 5 和 8:

（1）值 5 被赋给变量 a，值 8 被赋给变量 b。

（2）第一个布尔表达式 (a > 3) 计算结果为 True。

（3）用户屏幕上显示"Message #1"消息。由于第一个布尔表达式计算结果已为 True，因此不再检查第二个布尔表达式 (a > 1 and b <= 10)。

（4）显示"The End"消息。

ii. 对于输入值 2 和 0：

（1）值 2 被赋给变量 a，值 0 被赋给变量 b。

（2）第一个布尔表达式 (a > 3) 计算结果为 False。

（3）执行流继续计算第二个布尔表达式（a > 1 and b <= 10），计算结果为 True。

（4）显示"Message #2"和"Message #3"消息。

（5）显示"The End"消息。

> **提示**
>
> 请注意，第三个布尔表达式（b == 0）也可能是 True，但它永远不会被检查。

iii. 对于输入值 1 和 −1：

（1）值 1 被赋给变量 a，值 −1 被赋给变量 b。

（2）布尔表达式计算结果都不为 True，因此显示"Message #5"消息。

（3）显示"The End"消息。

练习 15.1.2　计算位数

编写一个 Python 程序，提示用户输入一个 0 到 999 之间的整数，然后计算其总位数。最后，显示信息"You entered a N-digit number"，其中 N 是总位数。例如，如果用户输入的值为 87，则必须显示"You entered a 2-digit number"消息，而如果用户输入值 756，则必须显示"You entered a 3-digit number"消息。假设用户总是输入 0 到 999 之间的有效数字。

解答

以下 Python 程序假设用户输入一个 0 到 999 之间的有效数字，因此它不检查输入的数字的有效性。该问题的解决方法如下所示：

file_15_1_2a

```python
x = int(input("Enter an integer (0 - 999): "))

if x <= 9:
    count = 1
elif x <= 99:
    count = 2
else:
    count = 3

print("You entered a ", count, "-digit number", sep = "")
```

然而，如果您希望让程序更完善些，在用户输入的值不介于 0 和 999 之间时向用户显示错误信息，则可以这样做：

```
                            file_15_1_2b

x = int(input("Enter an integer (0 - 999): "))

if x < 0 or x > 999:
    print("Wrong number!")
elif x <= 9:
    print("You entered a 1-digit number")
elif x <= 99:
    print("You entered a 2-digit number")
else:
    print("You entered a 3-digit number")
```

练习 15.1.3 星期几

编写一个 Python 程序，提示用户输入一个 1 到 7 之间的数字，然后显示相应的星期几（Sunday、Monday 等）。如果输入的值无效，则必须显示一条错误消息。

解答

Python 程序代码如下所示：

```
                            file_15_1_3

day = int(input("Enter a number between 1 and 7: "))

if day == 1:
    print("Sunday")
elif day == 2:
    print("Monday")
elif day == 3:
    print("Tuesday")
elif day == 4:
    print("Wednesday")
elif day == 5:
    print("Thursday")
elif day == 6:
    print("Friday")
elif day == 7:
    print("Saturday")
else:
    print("Invalid Number")
```

练习 15.1.4 过路费征收员在哪里

收费站系统自动识别每辆过往车辆是摩托车、汽车还是卡车。编写一个 Python 程序，提示用户输入车辆类型（M 代表摩托车，C 代表汽车，T 代表卡车）。然后根据下表显示司机必须支付的相应金额。

车辆类型	支付金额
摩托车	$1
汽车	$2
卡车	$4

如果用户输入的字符不是 M、C 或 T，则必须显示相应的错误信息。

解答

这个问题的解决方法非常简单。Python 程序代码如下所示：

file_15_1_4

```python
v = input("Enter the type of vehicle (M, C, or T): ")

if v == "M":
    print("You need to pay $1")
elif v == "C":
    print("You need to pay $2")
elif v == "T":
    print("You need to pay $4")
else:
    print("Invalid vehicle")
```

■ 15.2 复习题：判断对错

判断以下语句的真假。

1. if-elif 结构用于扩展选择分支的数量。

2. if-elif 结构最多可以有 3 种选择分支。

3. 在 if-elif 结构中，当一个布尔表达式计算结果为 True 时，依然会计算下一个布尔表达式。

4. 在 if-elif 结构中，最后一个语句或语句块 N+1（出现在 Python 关键字 else 下面）总会被执行。

5. 在 if-elif 结构中，当前面至少有一个布尔表达式计算结果为 True 时，最后一个语句或语句块 N + 1（出现在 Python 关键字 else 下面）会被执行。

6. 在 if-elif 决策结构中，可以省略 Python 关键字 else 下面的语句或语句块 N + 1。

7. 在以下代码片段中：

```python
if w == 1:
    x = x + 5
elif w == 2:
    x = x - 2
elif w == 3:
```

```
    x = x - 9
else:
    x = x + 3
    y += 1
```

只有当变量 w 为 1、2 或 3 以外的值时才执行语句 y + = 1。

■ 15.3 巩固练习

完成以下练习：

1. 尝试确定以下 Python 程序在 4 次不同执行过程中每个步骤中的变量值，并判断用户屏幕上显示的内容。

4 次执行的输入值分别为（ⅰ）5，（ⅱ）100，（ⅲ）250 和（ⅳ）-1。

```
q = int(input())
if 0 < q <= 50:
    b = 1
elif 50 < q <= 100:
    b = 2
elif 100 < q <= 200:
    b = 3
else:
    b = 4
print(b)
```

2. 尝试确定以下 Python 程序在 3 次不同执行过程中每个步骤中变量的值，并判断用户屏幕上显示的内容。

3 次执行过程的输入值分别为（ⅰ）5，（ⅱ）100 和（ⅲ）200。

```
amount = float(input())

if amount < 20:
    discount = 0
elif 20 <= amount < 100:
    discount = 5
elif 100 <= amount < 150:
    discount = 10
else:
    discount = 20
payment = amount - amount * discount / 100
print(discount, payment)
```

3. 编写一个 Python 程序，提示用户输入一个介于 -9999 和 9999 之间的整数，然后计算其总位数。最后，显示"You entered a N-digit number"消息，其中 N 为数字的总位数。

4. 编写一个 Python 程序，提示用户输入一个 1 月到 12 月之间的数字，然后显示相应的季度。已知：

- 冬季包括 12 月、1 月和 2 月。

- 春季包括 3 月、4 月和 5 月。

- 夏季包括 6 月、7 月和 8 月。

- 秋季包括 9 月、10 月和 11 月。

5. 美国最常用的评分系统是采用以字母等级形式的离散评估。编写一个 Python 程序，提示用户输入一个在 A 和 F 之间的字母，然后根据下表显示相应的百分比。

等级	百分比（%）
A	90 ~ 100
B	80 ~ 89
C	70 ~ 79
D	60 ~ 69
E/F	0 ~ 59

6. 编写一个 Python 程序，提示用户输入一个月份的名称，然后显示相应的数字（一月是 1，二月是 2 等）。如果输入的值无效，则必须显示错误信息。

7. 罗马数字如下所示：

数字	罗马数字
1	I
2	II
3	III
4	IV
5	V
6	VI
7	VII
8	VIII
9	IX
10	X

编写一个 Python 程序，提示用户输入一个 I 和 X 之间的罗马数字，然后显示相应的数字。但是，如果输入的选项无效，则必须显示错误信息。

8. 一家在线 CD 商店根据顾客每个月购买的音乐 CD 总数向其奖励积分。规则如下：

- 如果客户购买 1 张 CD，则获得 3 分。

- 如果客户购买 2 张 CD，则获得 10 分。

- 如果客户购买 3 张 CD，则获得 20 分。

- 如果客户购买 4 张 CD 或以上，则获得 45 分。

编写一个 Python 程序，提示用户输入他或她在一个月内购买的 CD 的总数，然后显示奖励的分数。假设用户输入的值大于 0。

9. 编写一个 Python 程序，提示用户输入 "zero" "one" "two" 或 "three" 等单词，然后将其转换为相应的数字，如 0、1、2 或 3。转换范围局限于 0 ~ 3。当用户输入未知文字的时候，显示 "I don't know this number!"。

10. 蒲福风级 [①] 是一种根据风对地面物体或海面的影响程度而定出的风力等级。编写一个 Python 程序，提示用户输入蒲福风级，然后根据下表显示相应的描述。另外，如果输入的风级数值无效，则必须显示错误信息。

蒲福风级	描述
0	无风
1	软风
2	轻风
3	微风
4	和风
5	清风
6	强风
7	疾风
8	大风
9	烈风
10	暴风
11	狂风
12	飓风

11. 编写一个 Python 程序，提示用户输入风速，然后根据下表显示相应的蒲福风级和描述。另外，如果输入的风级数值无效，则必须显示错误信息。

风速	蒲福编号	说明
风速 < 1	0	无风
1 ≤ 风速 < 4	1	软风
4 ≤ 风速 < 8	2	轻风
8 ≤ 风速 < 13	3	微风

---

① Francis Beaufort（1774—1857）是爱尔兰的水文学家，也是英国皇家海军的官员。他是蒲福风级的发明者。

风速	蒲福编号	说明
13 ≤风速< 18	4	和风
18 ≤风速< 25	5	清风
25 ≤风速< 31	6	强风
31 ≤风速< 39	7	疾风
39 ≤风速< 47	8	大风
47 ≤风速< 55	9	烈风
55 ≤风速< 64	10	暴风
64 ≤风速< 74	11	狂风
74 ≤风速	12	飓风

12. 编写一个 Python 程序显示以下菜单：

（1）将开尔文温度转换为华氏温度

（2）将华氏温度转换为开尔文温度

（3）将华氏温度转换为摄氏温度

（4）将摄氏温度转换为华氏温度

然后提示用户输入一个选项（1 ~ 4）和一个温度值。程序必须计算并显示我们期望的值。另外，当用户输入 1、2、3 或 4 以外的选项时，必须显示一条错误消息。

已知：

- 华氏温度 =1.8× 开尔文温度 −459.67

- 开尔文温度=$\dfrac{华氏温度+459.67}{1.8}$

- 华氏温度 =$\dfrac{9}{5}$× 摄氏温度 +32

- 摄氏温度 =$\dfrac{5}{9}$（华氏温度 −32）

第 16 章　提出问题—嵌套结构

■ 16.1　嵌套决策结构

　　一个嵌套决策结构是"嵌套"（被包围）在另一个决策结构中的决策结构。这意味着一个决策结构可以包含另一个决策结构（后者变成"嵌套"的决策结构）。同样，嵌套决策结构还可以包含另一个决策结构，等等。

　　一个嵌套决策结构示例如下：

```
if x < 30:
    if x < 15:      ##
        y = y + 2   # This is the
    else:           # nested if-else structure
        y -= 1      ##
else:
    y += 1
```

　　嵌套的深度没有实际的限制。只要没有违反语法规则，您可以随意嵌套所需要的数量的结构。然而，由于实际原因，当您写到三或四层的嵌套时，整个结构会变得非常复杂、难以理解。因此，使代码尽可能简单，将大型嵌套结构拆分为多个较小的结构，或者使用其他类型的结构。

　　显然，只要您保持语法和逻辑上的正确性，您可以在任何其他结构中嵌套任何结构。在下一个示例中，if-elif 结构嵌套在 if-else 结构中。

file_16_1

```
x = int(input("Enter a number: "))

if x < 1 or x > 3:
    print("Invalid Number")
else:
    print("Valid Number")

    if x == 1:              #This is the nested if-elif structure
        print("1st choice selected")
    elif x == 2:
        print("2nd choice selected")
    else:
        print("3rd choice selected")
```

练习 16.1.1　确定输出信息

　　尝试确定以下 Python 程序在 3 次不同执行过程中每个步骤中的变量的值，并判断用户屏幕上显示的内容。

　　3 次执行过程的输入值是（ⅰ）13，（ⅱ）18 和（ⅲ）30。

```
x = int(input())
y = 10

if x < 30:
    if x < 15:
        y = y + 2
    else:
        y -= 1
else:
    y += 1

print(y)
```

解答

i. 对于输入值 13：

   （1）值 13 被赋给变量 x。

   （2）值 10 被赋给变量 y。

   （3）第一个布尔表达式 (x < 30) 计算结果为 True。

   （4）第二个布尔表达式 (x < 15) 计算结果为 True。

   （5）执行语句 y = y + 2。变量 y 变成 12。

   （6）语句 print(y) 在用户的屏幕上显示值 12。

ii. 对于输入值 18：

   （1）值 18 被赋给变量 x。

   （2）值 10 被赋给变量 y。

   （3）第一个布尔表达式 (x < 30) 计算结果为 True。

   （4）第二个布尔表达式 (x < 15) 计算结果为 False。

   （5）执行语句 y −= 1。变量 y 变成 9。

   （6）语句 print(y) 在用户的屏幕上显示值 9。

iii. 对于输入值 30：

   （1）值 30 被赋给变量 x。

   （2）值 10 被赋给变量 y。

   （3）第一个布尔表达式 (x < 30) 计算结果为 False。

   （4）执行语句 y += 1。变量 y 的值变成 11。

   （5）语句 print(y) 在用户的屏幕上显示值 11。

练习 16.1.2　正数、负数还是零

编写一个 Python 程序，提示用户输入一个数字，然后根据给定的值是大于、小于还是等于

0 显示消息 "Positive" "Negative" 或 "Zero"。

解答

该程序可以使用嵌套在另一个 if-else 结构中的 if-else 结构编写，也可以使用 if-elif 结构编写。让我们试试这两种方法！

第一种方法—使用一个嵌套if-else结构

file_16_1_2a

```
a = float(input("Enter a number: "))

if a > 0:
    print("Positive")
else:
    if a < 0:
        print("Negative")
    else:
        print("Zero")
```

第二种方法—使用一个if-elif结构

file_16_1_2b

```
a = float(input("Enter a number: "))

if a > 0:
    print("Positive")
elif a < 0:
    print("Negative")
else:
    print("Zero")
```

练习 16.1.3　最科学的计算器

编写一个 Python 程序，提示用户输入一个数字，一个运算类型（+、-、*、/）和第二个数字。然后，程序必须执行所需的操作并显示结果。

解答

在这个练习中，唯一需要注意的是，用户可能输入为 0 的除数（第二个数字）。您应该知道，从数学角度讲，0 为除数是不可能的。

以下 Python 程序使用 if-elif 结构检查运算类型：

file_16_1_3

```
a = float(input("Enter 1st number: "))
op = input("Enter type of operation: ") #Variable op is of type string
b = float(input("Enter 2nd number: "))
```

```
if op == "+":
    print(a + b)
elif op == "-":
    print(a - b)
elif op == "*":
    print(a * b)
elif op == "/":
    if b == 0:
        print("Error: Division by zero")
    else:
        print(a / b)
```

■ 16.2 复习题：判断对错

判断以下语句的真假。

1. 嵌套决策结构描述了这样的一种情况：一个决策结构包含其他决策结构。

2. 嵌套层次的深度可以随程序员的需要而定。

3. 可以在 if 结构中嵌套一个 if-elif 结构，反之则不然。

■ 16.3 巩固练习

完成以下练习：

1. 尝试确定以下 Python 程序在 3 次不同的执行过程中每个步骤中的变量值，并判断用户屏幕上显示的内容。

3 次执行过程的输入值分别为（ⅰ）20、3，（ⅱ）12、8 和（ⅲ）50、1。

```
x = int(input())
y = int(input())

if x < 30:
    if y == 1:
        x = x * 3
        y = 5
    elif y == 2:
        x = x * 2
        y = 2
    elif y == 3:
        x = x + 5
        y += 3
    else:
        x -= 2
        y += 1
else:
```

```
        y += 1
print(x, y)
```

2. 编写一个 Python 程序，提示用户输入两个值，一个是温度，一个是风速。如果气温在 75℉以上，就认为天气热，否则就是冷。如果风速大于 12mile/h，那么就认为这一天是有风的，否则就没有风。程序必须根据输入的值显示一条消息。例如，如果用户输入温度为 60，风速为 10，则程序必须显示"The day is cold and not windy（天气冷且不刮风）"。

3. 身体质量指数（BMI）用于确定成人是否超重或体重不足。计算成人 BMI 公式如下：

$$BMI = \frac{\text{体重} \times 703}{\text{身高}^2}$$

编写一个 Python 程序，提示用户输入年龄、体重（磅）和身高（英寸），然后根据下表显示描述信息。

身体质量指数	描述
BMI < 15.0	体重严重不足
15.0 ≤ BMI < 16.0	严重偏瘦
16.0 ≤ BMI < 18.5	偏瘦
18.5 ≤ BMI < 25.0	正常
25.0 ≤ BMI < 30.0	偏重
30.0 ≤ BMI < 35.0	严重偏重
35.0 ≤ BMI	极度超重

当用户输入的年龄小于 18 岁时，必须显示信息"Invalid age（无效年龄）"。

■ 16.4 复习题

回答下列问题：

1. 术语"嵌套决策结构"是什么意思？

2. 决策结构嵌套的层次可以有多少层？存在实际的限制吗？

第 17 章　循环

■ 17.1　循环结构

循环结构是一种允许多次执行语句或语句块直到满足指定条件的结构。循环类型有两种。

- 在一个无限循环结构中，在循环开始迭代之前迭代次数是未知的，并且取决于某些条件。例如，循环可以打印一条消息并询问用户是否要重复。只要用户认为没到该停止的时候，循环就可以一次又一次地迭代。

- 在一个有限循环结构中，迭代次数在循环开始迭代之前就是已知的。例如，一个循环可以重复 100 次，打印消息"Loops are superb!（循环是极好的！）"

■ 17.2　从顺序结构到循环结构

下一个示例让用户输入 4 个数字，然后计算并显示它们的总和。正如您所看到的，这里还没有用到循环结构，只是使用了我们熟悉的顺序结构。

```
x = float(input())
y = float(input())
z = float(input())
w = float(input())

total = x + y + z + w

print(total)
```

这个程序很短。然而，请思考一个类似的程序，让用户输入 1000 个数字而不是 4 个！您能想象编写 1000 次 float(input()) 语句吗？如果只写这个语句一次，但"告诉"计算机执行 1000 次会不会容易得多？当然！不过为此我们需要使用一个循环结构！

我们先试着解决一个谜题！暂不使用循环结构，请尝试重写之前的程序，但只使用两个变量 x 和 total。是的，您听到的是对的！这个程序必须计算并显示 4 个给定数字的总和，但是它只能用两个变量编写！您能想到一种方法吗？

很明显您现在在想的是："我能用两个变量做的唯一事情就是读取变量 x 中的唯一的值，然后将该值赋给变量 total。"您的想法是非常正确的。下面的代码片段表现了这个想法：

```
x = float(input())
total = x
```

可以按等价的方式写成：

```
total = 0

x = float(input())
total = total + x
```

现在该做什么？现在有 3 件事您可以做，就是：思考，思考，当然还是思考！

第一个给定的数字已经存储在变量 total 中，所以变量 x 现在可以自由地使用了！因此，您可以重新使用变量 x 读取第二个值，该值也可以累加在变量 total 中，如下所示：

```
total = 0

x = float(input())
total = total + x

x = float(input())
total = total + x
```

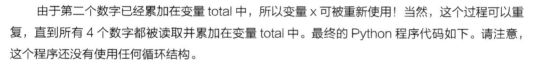

提示

语句 total = total + x 将 x 的值累加在 total 中。例如，如果变量 total 值为 5 且变量 x 值为 3，则语句 total = total + x 将值 8 赋给变量 total。

由于第二个数字已经累加在变量 total 中，所以变量 x 可被重新使用！当然，这个过程可以重复，直到所有 4 个数字都被读取并累加在变量 total 中。最终的 Python 程序代码如下。请注意，这个程序还没有使用任何循环结构。

```
total = 0

x = float(input())
total = total + x

x = float(input())
total = total + x

x = float(input())
total = total + x

x = float(input())
total = total + x

print(total)
```

提示

这个程序和最初的程序之间的主要区别是它有 4 对相同的语句。

当然，我们可以使用这个例子读取和计算 4 个以上数字的总和。然而，您不能一遍又一遍地编写这对语句，因为很快您会意识到这是多么地痛苦。而且，如果您忘记写一对语句，那么最终就会导致错误结果。

您这里需要的是只保留一对这个语句，但是使用循环结构执行 4 次（如果您愿意，甚至可以执行 1000 次）。

您可以使用类似下面的代码片段。

```
total = 0

execute_these_statements_4_times:
    x = float(input())
    total = total + x

print(total)
```

Python 中显然没有 execute_these_statements_4_times 语句。这仅用于演示目的，但很快您将学习 Python 支持的所有循环结构的全部内容！

■ 17.3 复习题：判断对错

判断以下语句的真假。

1. 循环结构是一种允许多次执行语句或语句块直到满足指定条件的结构。

2. 使用顺序结构，提示用户输入 1000 个数字，然后计算它们的和，是可能实现的。

3. 以下代码片段：

```
total = 10
a = 0
total = total + a
```

将值 10 累加在变量 total 中。

4. 下面两个代码片段是等价的。

```
a = 5
total = a
```

```
total = 0
a = 5
total = total + a
```

第18章 循环—while 结构

■ 18.1 while 结构

while 结构是允许多次执行语句或语句块的结构。它可以用来创建有限或无限循环结构。

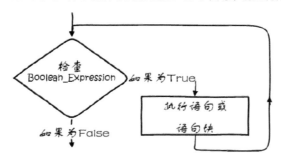

让我们看看当执行流到达 while 结构时会发生什么。如果布尔表达式的计算结果为 True，则会执行该结构的语句或语句块，且执行流会再次检查布尔表达式。如果布尔表达式计算结果再次为 True，则重复该过程。当布尔表达式在某个时刻计算结果为 False 时，则执行流退出循环，迭代结束。

> **提示**
> 在 while 结构中，首先计算布尔表达式，然后执行结构中的语句或语句块。

Python 语句的一般形式如下：

```
while Boolean_Expression:
    #Here goes
    #a statement or block of statements
```

> **提示**
> 因为布尔表达式在进入循环之前就会被计算，所以一个 while 结构可能执行多次迭代，也可能执行零次迭代。

> **提示**
> 对于"每次执行 while 结构的语句或语句块"，在计算机科学中术语为"循环正在迭代"或"循环执行一个迭代"。

下面的示例显示数字 1 ~ 10。

```
i = 1
while i <= 10:
    print(i)
    i += 1
```

> **提示**
>
> 就像决策结构一样，循环结构中的语句必须缩进。

练习 18.1.1　计算迭代的总次数

尝试确定此 Python 程序执行多少次迭代，并确定用户屏幕上显示的内容。

```
i = 1
while i < 4:
    print("Hello")
    i += 1

print("The End")
```

解答

执行以下步骤：

（1）值 1 被赋给变量 i。

（2）检查布尔表达式 (i < 4)。因其计算结果为 True，故执行 while 结构中的两条语句。显示消息"Hello"，变量 i 变成 2。

（3）检查布尔表达式 (i < 4)。其计算结果再次为 True，因此又一次执行 while 结构中的两条语句。显示消息"Hello"（第 2 次），变量 i 变成 3。

（4）检查布尔表达式 (i < 4)。其计算结果再次为 True，所以又一次执行 while 结构中的两条语句。显示消息"Hello"（第 3 次），变量 i 变成 4。

（5）检查布尔表达式 (i < 4)。这一次计算结果为 False，所以执行流退出循环，显示消息"The End"。

练习 18.1.2　计算四个数字的总和

使用 while 结构，编写一个 Python 程序，提示用户输入 4 个数字，然后计算并显示它们的总和。

解答

您还记得第 17.2 节中计算 4 个数字总和的例子吗？在最后，经过一些修改，所建议的 Python 程序变成如下代码：

```
total = 0

execute_these_statements_4_times:
```

```
    x = float(input())
    total = total + x

print(total)
```

现在，您需要一种方法使用真实的 Python 语句"呈现"execute_these_statements_4_times 语句。while 语句实际上可以做到这一点，不过您需要一个额外的变量计算迭代的总次数。并且，当执行了所需的迭代次数时，执行流必须退出循环。

以下是一个通用代码片段，其迭代次数为 total_number_of_iterations 指定的次数，

```
i = 1
while i <= total_number_of_iterations:
    #Here goes
    #a statement or block of statements
    i += 1
```

其中，total_number_of_iterations 可以是一个常数值、变量或表达式。

将此代码片段与前一个代码片段结合后，最终的程序就变成了：

提示

变量 i 的名称不受约束。您可以使用任何您希望的变量名称，例如 *counter*、*count*、*k* 等。

---

file_18_1_2

```
total = 0

i = 1
while i <= 4:
    x = float(input("Enter a number: "))
    total = total + x

    i += 1

print(total)
```

练习 18.1.3　计算正数的总和

编写一个 Python 程序，提示用户输入 20 个数字，然后计算并显示正数的和。

解答

这很容易。程序在循环内部必须要做的是检查一个给定的数字是否为正数，如果是，那么这个数字必须累加到变量 total 上，负数和零则必须被忽略掉。

Python 程序如下：

file_18_1_3

```
total = 0

i = 1
```

```
while i <= 20:
    x = float(input("Enter a number: "))
    if x > 0:
        total = total + x
    i += 1

print(total)
```

练习 18.1.4　计算 N 个数字的总和

编写一个 Python 程序，让用户输入 N 个数字，然后计算并显示它们的总和。N 的值必须由用户在程序开始时给出。

解答

在这个练习中，迭代的总次数取决于用户输入的值。下面是一个通用的代码片段，它迭代 N 次，其中 N 是由用户给出的。

```
n = int(input())

i = 1
while i <= n:
    #Here goes
    #a statement or block of statements
    i += 1
```

根据您到目前为止所学到的，最终的程序变成如下：

file_18_1_4

```
n = int(input("How many numbers are you going to enter? "))

total = 0

i = 1
while i <= n:
    x = float(input("Enter a number: "))
    total += x
    i += 1

print(total)
```

练习 18.1.5　计算未知数量的数字之和

编写一个 Python 程序，让用户反复输入数值，直到输入值 −1。数据输入完成后，必须显示输入的数字总和。(−1 的值不能包含在最终的总和中)。

解答

在这个练习中，迭代的总次数是未知的。如果您希望使用决策结构，您的程序看起来将如以下程序所示：

```
total = 0

x = float(input())
    if x != -1:                      #Check x
        total = total + x            #and execute
        x = float(input())
        if x != -1:                  #Check x
            total = total + x        #and execute
            x = float(input())
            if x != -1:              #Check x
                total = total + x    #and execute
                x = float(input())
                ...
                ...

print(total)
```

正如您在前面的示例中所看到的，此部分：

```
if x != -1:                  #Check x
    total = total + x        #and execute
    x = float(input())
```

是重复的。让我们用一个 while 结构代替 if 结构。最终的程序显示在下面。如果您尝试追踪执行流，您会发现它的操作与前一个程序类似。

file_18_1_5

```
total = 0

x = float(input())
while x != -1:               #Check x
    total = total + x        #and execute
    x = float(input())

print(total)
```

练习 18.1.6　计算五个数字的乘积

编写一个 Python 程序，让用户输入 5 个数字，然后计算并显示它们的乘积。

解答

如果您打算使用顺序结构，则程序将会像以下代码片段一样：

```
p = 1

x = float(input())
p = p * x

x = float(input())
p = p * x

x = float(input())
p = p * x
```

```
x = float(input())
p = p * x

x = float(input())
p = p * x
```

提示

请注意，变量 p 初始化为 1 而不是 0。这对于
语句 p = p * x 的正常运行来说是必须的，否则
最终乘积将为 0。

利用本章前面练习中的知识，最终的程序就变成：

file_18_1_6

```
p = 1

i = 1
while i <= 5:
    x = float(input())
    p = p * x

    i += 1

print(p)
```

■ 18.2 复习题：判断对错

判断以下语句的真假。

1. while 结构可能会执行零次迭代。

2. while 结构里的语句或语句块至少执行一次。

3. while 结构在其布尔表达式计算为 True 时停止迭代。

4. 在 while 结构中，当结构的语句或语句块被执行 N 次时，则布尔表达式被计算 N-1 次。

5. 您不能在 while 结构中嵌套 if 结构。

6. 在以下代码片段中：

```
i = 1
while i <= 10:
    print("Hello")
i += 1
```

"Hello"显示 10 次。

7. 在以下 Python 程序中：

```
i = 1
while i != 10:
    print("Hello")
    i += 2
```

"Hello"显示 5 次。

■ 18.3 复习题：选择题

选择正确的答案。

1. 在 while 结构中，结构的语句或语句块_____。

a. 在循环结构的布尔表达式被求值之前执行

b. 在循环结构的布尔表达式被求值后执行

c. 以上都不是

2. 在以下代码片段中：

```
i = 1
while i < 10:
    print("Hello Hermes")
    i += 1
```

消息"Hello Hermes"显示_____。

a. 10 次

b. 9 次

c. 0 次

d. 1 次

e. 以上都不是

4. 在以下代码片段中：

```
i = 1
while i < 10:
    i += 1
print("Hi!")
print("Hello Aphrodite")
```

消息"Hello Aphrodite"显示_____。

a. 10 次

b. 1 次

c. 0 次

d. 以上都不是

3. 在以下代码片段中：

```
i = 1
while i < 10:
    print("Hi!")
print("Hello Ares")
i += 1
```

消息"Hello Ares"显示_____。

a. 10 次

b. 1 次

c. 0 次

d. 以上都不是

5. 在以下代码片段中：

```
i = 1
while i >= 10:
    print("Hi!")
    print("Hello Apollo")
    i += 1
```

消息"Hello Apollo"显示_____。

a. 10 次

b. 1 次

c. 0 次

d. 以上都不是

6. 以下 Python 程序将计算和显示_____。

```
n = int(input())
```

```
s = 0
i = 1
while i < n:
    a = float(input())
    s = s + a
    i += 1
print(s)
```

a. 数量和变量 n 的值一样多的数字之和

b. 与表达式 n-1 所表示的数量一样多的数字之和

c. 数量和变量 i 的值一样多的数字之和

d. 以上都不是

■ 18.4 巩固练习

完成以下练习:

1. 识别下面 Python 程序中的语法错误:

```
i = 30.0
while i > 5
    print(i)
    i =/ 2
print(The end)
```

2. 尝试确定以下 Python 程序执行多少次迭代:

```
i = 3
x = 0
while i >= 0:
    i -= 1
    x += i
print(x)
```

3. 尝试确定以下 Python 程序执行多少次迭代:

```
i = -5
while i > 10:
    i -= 1
print(i)
```

4. 尝试确定下面 Python 程序的每个步骤中变量的值,并确定用户屏幕上显示的内容。 该 Python 程序执行多少次迭代?

```
a = 2
while a <= 10:
    b = a + 1
    if b == 7:
        print(2 * b)
```

```
    elif b == 3:
        print(b - 1)
    elif b == 8:
        print(a, b)
    else:
        print(a - 4)
    a += 4
```

5. 补全以下代码片段中的空白，使得所有循环恰好执行 4 次迭代：

i.
```
a = 3
while a > …… :
    a -= 1
```

ii.
```
a = 5
while a < …… :
    a += 1
```

iii.
```
a = 9
while a != 11:
    a = a + ……
```

iv.
```
a = 1
while a != …… :
    a -= 2
```

v.
```
a = 2
while a < …… :
    a = 2 * a
```

vi.
```
a = 1
while a < …… :
    a = a + 0.1
```

6. 编写一个 Python 程序，提示用户输入 20 个数字，然后计算并显示用户输入的所有正数的总和。

7. 编写一个 Python 程序，提示用户输入 N 个数字，然后计算并显示用户输入的所有正数的乘积。N 的值必须由用户在程序开始时给出。

8. 编写一个 Python 程序，提示用户输入 10 个整数，然后计算并显示用户输入的所有在 100 到 200 之间的数字之和。

9. 编写一个 Python 程序，提示用户输入 20 个整数，然后计算并显示用户输入的所有 3 位整数之和。

提示：所有 3 位整数都在 100 到 999 之间。

10. 编写一个 Python 程序，提示用户反复输入数字，直到输入值为 0。数据输入完成后，必须显示输入数字的乘积。（最后输入的 0 不能计算到最终乘积中。）

第 19 章　循环——for 结构

■ 19.1　for 结构

正如您注意到的，在第 18 章中，我们使用 while 结构创建有限和无限循环结构。换句话说，它可以用于迭代已知次数，也可以用于迭代未知次数。由于在计算机编程中经常使用有限循环结构，因此包括 Python 在内的几乎所有计算机语言都包含一个比 while 结构更具可读性和更方便的特殊语句，即 for 结构。

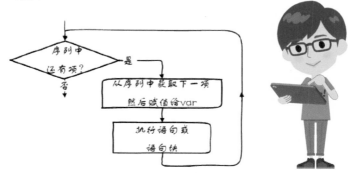

Python 语句的一般形式是：

```
for var in sequence:
    #Here goes
    #a statement or block of statements
```

其中，var 是一个变量，它被依次赋予序列中的每个值，并且结构的语句或语句块针对每个值都会执行一次。

下面的例子：

file_19_1a

```
for i in [1, 2, 3, 4, 5]:
    print(i)
```

显示数字 1、2、3、4 和 5。

下面的例子：

file_19_1b

```
for letter in "Hello":
    print(letter)
```

显示字母"H""e""l""l"和"o"（均不含双引号）。

正如你在第 10.2 节中学到的那样，Python 的 range() 函数可以用来创建一个整数序列。您可以将 range() 函数与 for 语句一起使用，以扩展 for 语句的可能性，如下所示：

```
for var in range([initial_value,] final_value [, step ]):
    #Here goes
    #a statement or block of statements
```

其中：

- initial_value 是序列的起始值。这个参数是可选的。如果省略，则其默认值为 0。
- 该序列一直到 final_value，但不包括 final_value。
- step 是序列中每个数字之间的差值。这个参数是可选的。如果省略，则其默认值为 1。

请记住！参数initial_value、final_value和step必须是整数。

下面的示例显示数字 0 ~ 10：

file_19_1c

```
for i in range(0, 11, 1):
    print(i)
```

当然，当 step 是 1 时，可以省略第三个参数。上面的例子也可以写成：

file_19_1d

```
for i in range(0, 11):
    print(i)
```

而且，当 initial_value 为 0 时，也可以省略第一个参数。前面的例子也可以写成：

file_19_1e

```
for i in range(11):
    print(i)
```

下一个示例显示数字 2、4、6、8 和 10。

file_19_1f

```
for i in range(2, 12, 2):
    print(i)
```

最后但同样重要的是，如果您希望得到一个数字顺序相反的序列，可以为 step 设一个负值。下面的示例显示从 11 到 1 的奇数。

file_19_1g

```
a = 11
b = 0
for i in range(a, b, -2):
    print(i)
```

练习 19.1.1 确定显示的信息

尝试确定输入值为 1 时，以下 Python 程序每个步骤中的变量值，并确定用户屏幕上显示的内容。

```
x = int(input())

for i in range(-3, 3, 2):
    x = x * 3

print(x)
```

解答

所执行的步骤如下：

（1）值 1 被赋给变量 x。

（2）range() 函数创建一个包含数字 –3、–1 和 1 的序列。这意味着循环将执行 3 次迭代。

（3）语句 x = x * 3 被执行 3 次。

（4）当循环执行全部 3 次迭代后，执行流将退出循环，用户的屏幕上显示值 27。

练习 19.1.2　确定显示的信息

尝试确定输入值为 3 时，以下 Python 程序每个步骤中的变量值，并确定用户屏幕上显示的内容。

```
x = int(input())

for i in range(6, x - 1, -1):
    print(i)
```

解答

对于输入值 3：

（1）值 3 被赋给变量 x。

（2）range() 函数创建一个包含数字 6、5、4 和 3 的序列。这意味着循环将执行 4 次迭代。

（3）语句 print(i) 被执行 4 次，用户的屏幕上显示值 6、5、4 和 3。

练习 19.1.3　计算 4 个数字的和

编写一个 Python 程序，提示用户输入 4 个数字，然后计算并显示它们的总和。

解答

在练习 18.1.2 中，提出了一种如下使用 while 结构的解决方案：

```
total = 0

i = 1
while i <= 4:
    x = float(input("Enter a number: "))
    total = total + x
```

```
        i += 1

print(total)
```

现在可以很容易地使用 for 结构重写它:

file_19_1_3

```
total = 0

for i in range(4):
    x = float(input("Enter a number: "))
    total = total + x

print(total)
```

练习 19.1.4　求 N 个数的平均值。

编写一个 Python 程序,提示用户输入 N 个数字,然后计算并显示其平均值。用户必须在程序开始时提供 N 的值。

解答

解决方案如下所示:

file_19_1_4

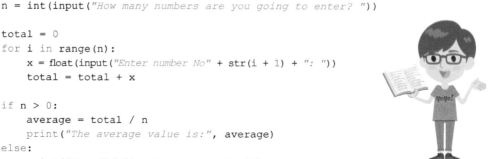

```
n = int(input("How many numbers are you going to enter? "))

total = 0
for i in range(n):
    x = float(input("Enter number No" + str(i + 1) + ": "))
    total = total + x

if n > 0:
    average = total / n
    print("The average value is:", average)
else:
    print("You didn't enter any number!")
```

> **提示**
>
> 语句 if n > 0 是必需的,如果用户为变量 n 输入的值为 0,则程序可以避免发生除零错误。而且,如果用户为变量 n 输入负值,该检查还可以避免产生任何不希望的结果。

■ 19.2 复习题：判断对错

判断以下语句的真假。

1. 在 for 结构中，变量 var 在每次循环的开始处被自动赋予序列（sequence）中的后继值。

2. 当已知迭代次数时，可以使用一个有限循环结构。

3. 在一个有限循环结构中，循环语句或语句块至少执行一次。

4. 在 range() 函数中，initial_value 的值不能大于 final_value 的值。

5. 在 range() 函数中，initial_value、final_value 和 step 的值不能是浮点数（小数）。

6. 在 for 结构中，var 变量可以出现在循环内的语句中。

7. 在以下代码片段中：

```
for i in range(1, 10):
    print("Hello")
```

"Hello" 显示 10 次。

8. 在以下代码片段中：

```
b = int(input())
for i in range(b):
    print("Hello")
```

"Hello" 至少显示一次。

■ 19.3 复习题：选择题

为以下每句陈述选择正确的答案：

1. for 结构适合解决的问题为_____。

a. 用户反复输入数字，直到输入值 −1

b. 用户反复输入数字，直到输入的值大于 final_value

c. a 和 b 都是

d. 以上都不是

3. 在 for 结构中，当 initial_value、final_value 和 step 是变量时，它们的值_____。

a. 可以是实数

b. 必须是实数

c. 必须是整数

d. 以上都不是

2. 在 for 结构中，initial_value、final_value 和 step 可以是_____。

a. 常数值

b. 变量

c. 表达式

d. 以上都是

4. 在 for 结构中，var 的初始值_____。

a. 必须是 0

b. 可以是 0

c. 不可以是负值

d. 以上都不是

5. 在 for 结构中，变量 var 被自动赋予该序列中后继的值_____。

   a. 在每次迭代开始时

   b. 在每次迭代结束时

   c. 不会自动赋值

   d. 以上都不是

6. 在以下代码片段中：

```
i = 1
for i in range(5, 6):
    print("Hello Hera")
```

消息"Hello Hera"显示_____。

   a. 5 次

   b. 1 次

   c. 0 次

   d. 以上都不是

7. 在以下代码片段中：

```
for i in range(40, 51):
    print("Hello Dionysus")
```

消息"Hello Dionysus"显示_____。

   a. 1 次

   b. 2 次

   c. 10 次

   d. 11 次

8. 在以下代码片段中：

```
k = 0
for i in range(1, 7, 2):
    k = k + i
print(i)
```

显示的值为_____。

   a. 3

   b. 6

   c. 9

   d. 以上都不是

9. 在以下代码片段中：

```
k = 0
for i in range(100, -105, -5):
    k = k + i
print(i)
```

显示的值为_____。

   a. -95   b. -105   c. -100   d. 以上都不是

■ 19.4 巩固练习

完成以下练习：

1. 尝试确定以下 Python 程序每一步中变量的值，并确定用户屏幕上显示的内容。这个 Python 程序执行了多少次迭代？

```
a = 0
b = 0
for j in range(0, 10, 2):
    if j < 5:
        b += 1
```

```
    else:
        a += j - 1
print(a, b)
```

2. 尝试确定以下 Python 程序输入值为 9 时每一步中变量的值，并确定用户屏幕上显示的内容。

```
a = int(input())
for j in range(2, a, 3):
    x = j * 3
    y = j * 2
    if x > 10:
        y *= 2
    x += 4
    print(x, y)
```

3. 补全以下代码片段中的空白，使得所有循环恰好执行 5 次迭代。

i. ```
for a in range(5, ……, + 1):
    b += 1
```
ii. ```
for a in range(0, ……,4):
    b += 1
```
iii. ```
for a in range(……, -17, -2):
    b += 1
```
iv. ```
for a in range(-11, -16,……):
    b += 1
```

4. 编写一个 Python 程序，提示用户输入 20 个数字，然后计算并显示它们的乘积及其平均值。

5. 编写一个 Python 程序，提示用户输入 N 个整数，然后显示正数的总和。用户必须在程序开始时提供 N 的值。另外，如果输入的所有整数均为负数，则必须显示消息"You entered no positive integers（您没有输入正整数）"。

6. 编写一个 Python 程序，提示用户输入 50 个整数，然后计算并显示正数的平均值和负数的平均值。

7. 编写一个 Python 程序，提示用户输入两个整数赋值给变量，一个赋值给 start，另一个赋值给 finish。然后程序显示从 start 到 finish 的所有整数。

8. 编写一个 Python 程序，提示用户输入一个实数和一个整数，然后显示第一个数字自乘第二个数字次数的结果，不要使用幂运算符（ ** ）。假设用户输入的值大于 0。

9. 编写一个 Python 程序，提示用户输入一个消息字符串，然后显示其包含的单词数。 例如，如果输入的字符串是"My name is Bill Bouras"，程序必须显示"The message entered contains 5 words"。假设每个单词通过一个空格字符分隔。

提示：可以使用 len() 函数获取输入的消息字符串包含的字符数。

第 20 章 循环——嵌套结构

■ 20.1 嵌套循环结构

嵌套循环是指被包含在另一个循环中的循环，或者换句话说，是指一个位于外循环中的内循环。

外循环控制内循环的完整迭代次数。这意味着外循环的第一次迭代触发内循环开始迭代直到完成迭代。然后外循环的第二次迭代触发内循环开始迭代直到再次完成。这个过程重复进行，直到外循环完成所有的迭代。

以下面的 Python 程序为例：

file_20_1

```python
for i in range(1, 3):
    for j in range(1, 4):   #This is the nested for structure
        print(i, j)
```

外循环（由变量 i 控制的循环）控制内循环执行的完整迭代次数。也就是说，当变量 i 值为 1 时，内循环执行 3 次迭代（即 $j = 1$、$j = 2$ 和 $j = 3$）。内循环结束，但外循环需要再执行一次迭代（即 $i = 2$）。因此，内循环重新开始并执行 3 次新的迭代（即 $j = 1$、$j = 2$ 和 $j = 3$）。

前面的例子与下面的例子类似：

```python
i = 1 #outer loop assigns value 1 to variable i
for j in range(1, 4): #and inner loop performs three iterations
    print(i, j)

i = 2 #outer loop assigns value 2 to variable i
for j in range(1, 4):   #and inner loop starts over and
    print(i, j)          #performs three new iterations
```

输出结果如下：

请记住！只要没有违反语法规则，我们可以根据需要嵌套任意多个循环结构。然而，由于实际原因，当写到四或五层嵌套时，整个循环结构会变得非常复杂且难以理解。然而，经验表明，作为一名程序员，您的整个职业生涯中所写的嵌套最多不过三～四层。

提示

内循环和外循环不需要是同一种类型。比如说，一个 for 结果可以嵌套（包含）一个 while 结构，反之亦然。

练习 20.1.1 计算迭代的总次数

计算消息"Hello Zeus"的显示次数。

```
for i in range(3):
    for j in range(4):
        print("Hello Zeus")
```

解答

变量 i 和 j 的值（按照显示顺序）如下所示：

- 对于 $i = 0$，内循环执行 4 次迭代（即 $j = 0$、$j = 1$、$j = 2$ 和 $j = 3$），并且消息"Hello Zeus"显示 4 次。
- 对于 $i = 1$，内循环执行 4 次迭代（即 $j = 0$、$j = 1$、$j = 2$ 和 $j = 3$），并且消息"Hello Zeus"显示 4 次。
- 对于 $i = 2$，内循环执行 4 次迭代（即 $j = 0$、$j = 1$、$j = 2$ 和 $j = 3$），并且消息"Hello Zeus"显示 4 次。

因此，消息"Hello Zeus"总共显示 $3 \times 4 = 12$ 次。

请记住！外循环控制着内循环的完整迭代次数。

练习 20.1.2 判断显示的内容

对于下面的代码片段，判断变量 x 最终的值。

```
x = 1
i = 5
while i <= 7:
    for j in range(1, 5, 2):
        x = x * 2
    i += 1

print(x)
```

提示

外循环和内循环（被嵌套的循环）一定不能使用相同的 var 变量。

解答

要确定变量 x 最终的值，您必须首先确定语句 $x = x * 2$ 的执行次数。

外循环执行 3 次迭代（即 $i = 5$、$i = 6$ 和 $i = 7$），内循环执行两次迭代（即 $j = 1$ 和 $j = 3$）。因此，语句 $x = x * 2$ 被执行 $3 \times 2 = 6$ 次。

变量 x 的初始值为 1。由于语句 $x = x * 2$ 被执行 6 次，因此在用户屏幕上显示的最终值为 64。

为什么是 64？你想的肯定是："结果一定是 12 而不是 64，因为 6×2 等于 12"。

很抱歉让您失望了，但答案仍然是 64。为什么？让我们看看为什么！

在开始时，变量 x 值为 1。

（1）当第一次执行语句 x = x * 2 时，变量 x 的值变为 2。

（2）当第二次执行语句 x = x * 2 时，变量 x 的值变为 4。

（3）到目前为止还好。现在要小心了！当第三次执行语句 x = x * 2 时，变量 x 的值变为 8。

（4）当它第四次执行时，变量 x 的值变为 16。

（5）当它第五次执行时，变量 x 的值变为 32。

（6）当第六次执行语句 x = x * 2 时，变量 x 的值变为 64。

■ 20.2 复习题：判断对错

判断以下语句的真假。

1. 嵌套循环是指包含在外循环中的内循环。

2. 循环结构的最大嵌套层数为 4。

3. 当两个循环结构为嵌套关系时，它们不能使用相同的变量 var。

4. 在以下代码片段中：

```
for i in range(1, 4):
    for j in range(1, 4):
        print("Hello")
```

"Hello"显示 6 次。

5. 在以下代码片段中：

```
for i in range(2):
    for j in range(1, 4):
        for k in range(1, 5, 2):
            print("Hello")
```

"Hello"显示 12 次。

6. 在以下代码片段中：

```
i = 1
while i <= 4:
    for i in range(3, 0, -1):
        print("Hello")
    i += 1
```

"Hello"会显示无数次。

■ 20.3 复习题：选择题

选择正确的答案。

1. 在以下代码片段中：

```
for i in range(1, 3):
```

```
for j in range(1, 3):
    print("Hello")
```

变量 i 和 j 的值（按照显示顺序）是_____。

a. j = 1, i = 1, j = 1, i = 2, j = 2, i = 1, j = 2, i = 2

b. i = 1, j = 1, i = 1, j = 2, i = 2, j = 1, i = 2, j = 2

c. i = 1, j = 1, i = 2, j = 2

d. j = 1, i = 1, j = 2, i = 2

2. 在以下代码片段中：

```
x = 1
while x != 5:
    for i in range(3):
        print("Hello Artemis")
    x += 2
```

消息"Hello Artemis"显示_____。

a. 无数次

b. 15 次

c. 6 次

d. 以上都不是

3. 在以下代码片段中：

```
x = 1
while x == 5:
    for i in range(4):
        print("Hello Hera")
    x += 1
```

消息"Hello Hera"显示_____。

a. 无数次

b. 20 次

c. 15 次

d. 以上都不是

4. 在以下代码片段中：

```
x = 2
while x != 5:
    for i in range(500):
        print("Hello Zeus")
    x += 2
```

消息"Hello Zeus"显示_____。

a. 无数次

b. 1000 次

c. 1500 次

d. 以上都不是

5. 以下代码片段:

```
for i in range(1, 4):
    for j in range(1, 3):
        print(i, ", ", j, ", ", sep = "", end = "")
print("The End!" , end = "")
```

显示_____。

a. 1, 1, 1, 2, The End!2, 1, 2, 2, The End!3, 1, 3, 2, The End!

b. 1, 1, 1, 2, 2, 1, 2, 2, 3, 1, 3, 2, The End!

c. 1, 1, 2, 1, 3, 1, 1, 2, 2, 2, 3, 2, The End!

d. 以上都不是

■ 20.4 巩固练习

完成以下练习:

1. 补全以下代码片段中的空白,使得所有代码片段恰好显示消息 "Hello Hephaestus" 100 次。

```
i.  for a in range(6, ……):
        for b in range(25):
            print("Hello Hephaestus")
ii. for a in range(0, ……,5):
        for b in range(10, 20):
            print("Hello Hephaestus")
iii. for a in range(……, -17, -2):
        for b in range(150, 50, -5):
            print("Hello Hephaestus")
vi. for a in range(-11, -16, -1):
        for b in range(100, ……+ 2, 2):
            print("Hello Hephaestus")
```

2. 编写一个 Python 程序,以下面的形式显示小时和分钟。

```
0      0
0      1
0      2
0      3
...
0      59
1      0
1      1
1      2
1      3
...
23     59
```

请注意，输出结果用制表键对齐。

3. 使用嵌套循环结构，编写一个 Python 程序，显示以下输出结果。

```
5 5 5 5 5
4 4 4 4
3 3 3
2 2
1
```

4. 使用嵌套循环结构，编写一个 Python 程序，显示以下输出结果。

```
0
0 1
0 1 2
0 1 2 3
0 1 2 3 4
0 1 2 3 4 5
```

5. 使用嵌套循环结构，编写一个 Python 程序，显示下面的矩形。

```
* * * * * * * *
* * * * * * * *
* * * * * * * *
```

6. 编写一个 Python 程序，提示用户输入 3 到 20 之间的整数 N，然后显示边长为 N 的正方形。例如，如果用户输入的 N 值为 4，程序必须显示如下输出：

```
* * * *
* * * *
* * * *
* * * *
```

7. 使用嵌套循环结构，编写一个 Python 程序，输出如下的三角形。

```
*
* *
* * *
* * * *
* * * * *
```

8. 使用嵌套循环结构，编写一个 Python 程序，输出如下的三角形。

```
*
* *
* * *
* * * *
* * * * *
* * * *
* * *
* *
*
```

第 21 章　循环结构使用技巧和窍门

■ 21.1　引言

本章致力于教您一些有用的技巧和窍门，可以帮助您编写"更好"的代码。当您设计自己的 Python 程序时，应该始终将它们牢记于心！

这些技巧和窍门可以帮助您提高代码的可读性，帮助您决定为每个给定的问题选用哪种循环结构更合适，并帮助您使代码更简短，甚至更快。当然，并不存在一种完美的方法，因为在某个情况下使用特定的技巧或窍门可能会有所帮助，但在另一种情况下，同样的技巧或窍门可能会适得其反。大多数情况下，代码优化与编程经验有关。

请记住！较短的算法并不总是给定问题的最佳解决方案。为了解决一个特定的问题，您可能会写一个很短的算法，然而可能发现会消耗CPU大量时间。另一方面，您可能会使用另一种算法解决同样的问题，它看上去更长但计算出结果却快得多。

■ 21.2　选择循环结构

下图可以帮助您选择在每个给定问题中使用哪个循环结构更合适，具体取决于迭代次数。

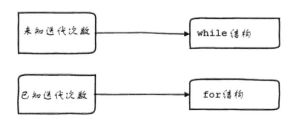

提示

这个图推荐了最佳选项，但不是唯一的选项，例如，当已知迭代次数时，使用 while 结构也是没有问题的。然而，推荐的 for 结构更方便。

■ 21.3　"终极"规则

在使用 while 结构时，程序员常常会被这样的问题折磨：如何确定哪些语句应该写入循环结构内部，哪些语句应该写在循环结构外部，以及如何安排语句的顺序。

有一个简单而强大的规则，即"终极"规则！一旦您遵循它，发生逻辑错误的可能性就会降到零！

"终极"规则指出：

- 循环结构的布尔表达式中的变量必须在进入循环之前进行初始化。
- 循环结构的布尔表达式中的变量的值必须在循环内更新（更改）。更具体地说，执行此更新/更改的语句必须是循环结构的最后的语句之一。

例如，如果变量 var 是循环结构的布尔表达式中的变量，那么 while 结构应始终采用以下形式：

```
initialize var
while Boolean_Expression(var) :
    #Here goes
    #a statement or block of statements

    Update/alter var
```

其中：

- initialize var 是任何将初始值赋值给变量 var 的语句。它可以是输入语句，如 var = input ("Enter a value: ")，或使用赋值运算符（=）的赋值语句。
- Boolean_Expression(var) 可以是任何从简单到复杂的布尔表达式，这取决于变量 var。
- Update/alter var 是任何用于更改 var 值的语句，例如输入语句，使用赋值运算符（=）甚至是复合赋值运算符的赋值语句。该语句必须放置在计算循环结构的布尔表达式之前。这就是为什么这个语句必须是循环结构的最后的语句之一。

以下是使用"终极"规则的一些示例：

例 1

```
a = int(input())         #Initialization of a
while a > 0:             #A Boolean expression dependent on a
    print(a)
    a = a - 1           #Update/alteration of a
```

例 2

```
total = 0                #Initialization of total
while total < 1000:      #A Boolean expression dependent on total
    y = int(input())
    total += y           #Update/alteration of total
```

例 3

```
a = int(input())         #Initialization of a
b = int(input())         #Initialization of b
while a + b > 0:         #A Boolean expression dependent on a and b
    print(a, b)
    a = int(input())        #Update/alteration of a
    b = int(input())        #Update/alteration of b
```

现在您会意识到为什么您应该始终遵循"终极"规则！假设一个练习的题目是：

编写一个 Python 程序，提示用户反复输入数字，直到输入的正数的总数目为 5。

这个练习被布置给了一个班级，有一名学生给的答案是下面的 Python 程序：

```python
positives_given = 0

x = float(input("Enter a number: "))
while positives_given != 5:
    if x > 0:
        positives_given += 1
    x = float(input("Enter a number: "))

print("Positives given:", positives_given)
```

乍一看，该程序是正确的。它提示用户输入一个数字，进入循环并检查给定数字是否为正数，提示用户输入第二个数字，依此类推。然而，这个程序包含一个逻辑错误，而且，它很难被发现。您能找出错误吗？

如果您试图追踪执行流，您会自认为确认程序运行顺利，顺利到您不知道这本书的内容是可靠的还是应该扔掉它！

只有当您尝试输入 5 个想要的正数时，问题才会变得清晰。假设用户已经输入了 4 个正数。这意味着变量 positives_given 值为 4。当用户输入第五个正数时，程序不会直接对其进行计数，但执行流会检查 while 结构的布尔表达式。变量 positives_given 的值仍然是 4，因此执行流进入循环，并且不可避免地再次提示输入一个数字——这当然是错误的！

这就是为什么您应该经常阅读这本书！让我们看看究竟如何编写这个程序。

由于 while 结构的布尔表达式的值取决于变量 positives_given，因此该变量必须在循环之外初始化。该变量也必须在循环内更新或更改。执行此更新或更改的语句必须是循环中的最后一个语句，如以下代码片段（一般形式）所示：

```python
positives_given = 0              #Initialization of positives_given
while positives_given != 5:      #A Boolean expression dependent on
                                 #positives_given

    #Here goes
    #a statement or block of statements.
    if x > 0:
        positives_given += 1  #Update/alteration of positives_given
```

现在您可以添加任何必要的语句完成该程序。此处缺少的语句包括提示用户输入数字的语句（必须在循环内完成）以及显示结果的语句（必须在循环完成所有迭代时执行）。因此，最终的程序就变成了：

```python
positives_given = 0
while positives_given != 5:
    x = float(input("Enter a number: "))
```

```
    if x > 0:
        positives_given += 1

print("Positives given:", positives_given)
```

■ 21.4 跳出循环

循环会消耗太多的 CPU 时间，因此在使用它们时必须非常小心。有时候在完成所有迭代之前，通常是在满足指定的条件时，需要跳出或结束一个循环。

假设有一个 for 结构，在一个字符串内搜索给定的字母，如下面的 Python 程序所示。

```
text = "I have a dream"

letter = input("Enter a letter to search: ")

found = False
for x in text:
    if x == letter:
        found = True

if found == True:
    print("Letter", letter, "found!")
```

现在假设用户输入字母"h"。正如您已经知道的，for 结构迭代指定的次数，并且它不关心这个字母是否真的被找到。尽管字母"h"确实存在于变量 text 的值的第二个位置，然而，循环会继续迭代到字符串末尾，这显然会浪费 CPU 时间。

也许有人会说："那又怎样？变量 text 只包含 14 个字符，没什么大不了的！"但实际上这是一件大事！在大规模数据处理中，一切都很重要，因此在使用循环结构时应特别小心，尤其是迭代次数过多的循环结构。

因此，要想让像上一个程序那样的程序运行得更快，就要使其在满足指定的条件时跳出循环。在我们的例子中，就是当找到给定的字母时跳出循环。

在 Python 中，可以使用 break 语句在完成所有迭代之前跳出循环。看看下面的 Python 程序。当它在变量 text 中找到给定的字母时，执行流将立即退出 for 结构。

file_21_4

```
text = "I have a dream"

letter = input("Enter a letter to search: ")

found = False
for x in text:
    if x == letter:
```

```
            found = True
            break

    if found == True:
        print("Letter", letter, "found!")
```

■ 21.5 无限循环及如何避免

所有的循环结构都必须有一种方法阻止在其内部发生无尽的迭代。这意味着循环内部必须有一些最终能够使执行流退出循环的操作。

下一个示例是一个无限循环（也称为无穷循环）。程序员忘记在循环中增加变量 *i* 的值，因此，*i* 的值永远不会变成数值 10。

```
i = 1
while i != 10:
    print("Hello there!")
```

无限循环会一直持续迭代，阻止它迭代的唯一方法是使用魔法力量！例如，当 Windows 操作系统中的应用程序"挂起"时（可能是因为执行流进入无限循环），用户必须使用组合键 Alt + Ctrl + Del 强制结束应用程序。

提示

在 IDLE 中，当您不小心编写和执行了一个无限循环时，可以按组合键 Ctrl+C，然后 Python 解释器会立刻停止任何操作。另一方面，在 Eclipse 中，您可以通过单击"Terminate" ■工具栏图标停止任何操作。

因此，请始终记住包含至少一条此类语句以便让执行流退出循环。然而这可能仍然不够！看看下面的代码片段。

```
i = 1
while i != 10:
    print("Hello there!")
    i += 2
```

尽管这个代码片段确实包含了一个使循环内部变量 *i* 增加的语句（*i* += 2），然而执行流永远不会退出循环，因为值 10 永远不会被赋给变量 *i*！

我们可以这么做从而避免发生这种错误：永远不要使用比较运算符 == 和 != 检查计数器变量（这里是变量 *i*），尤其在计数器变量增加或减少的值不是 1 时。您可以使用比较运算符 <、<=、> 和 >=。它们保证当计数器变量超过终止值时执行流退出循环。前面的例子程序可以用比较运算符 <，甚至用 <= 替换 != 进行修复。

```
i = 1
while i < 10:
    print("Hello there!")
    i += 2
```

■ 21.6 "由内而外"法

本书提出由内而外的方法帮助您由内而外地学习"算法思维"。这种方法首先操作和设计内部（嵌套）结构，然后，随着程序的开发，添加越来越多的结构，嵌套前一个结构。

让我们试试下面的例子：

编写一个 Python 程序，显示如下所示的乘法表：

1x1=1	1x2=2	1x3=3	1x4=4	1x5=5	1x6=6	1x7=7	1x8=8	1x9=9
2x1=2	2x2=4	2x3=6	2x4=8	2x5=10	2x6=12	2x7=14	2x8=16	2x9=18
3x1=3	3x2=6	3x3=9	3x4=12	3x5=15	3x6=18	3x7=21	3x8=24	3x9=27
4x1=4	4x2=8	4x3=12	4x4=16	4x5=20	4x6=24	4x7=28	4x8=32	4x9=36
5x1=5	5x2=10	5x3=15	5x4=20	5x5=25	5x6=30	5x7=35	5x8=40	5x9=45
6x1=6	6x2=12	6x3=18	6x4=24	6x5=30	6x6=36	6x7=42	6x8=48	6x9=54
7x1=7	7x2=14	7x3=21	7x4=28	7x5=35	7x6=42	7x7=49	7x8=56	7x9=63
8x1=8	8x2=16	8x3=24	8x4=32	8x5=40	8x6=48	8x7=56	8x8=64	8x9=72
9x1=9	9x2=18	9x3=27	9x4=36	9x5=45	9x6=54	9x7=63	9x8=72	9x9=81

根据"由内而外"的方法，我们首先编写内部循环结构，然后，当所有内容都经过测试并正确运行时，再添加外部循环结构。

因此，我们试着只显示乘法表的第一行。如果您检查这一行，就会发现，在每次乘法运算中，被乘数总是 1。假设一个变量 i 值为 1。仅显示乘法表第一行的循环结构如下所示。

```
for j in range(1, 10):
    print(i, "x", j, "=", i * j, end = "\t")
```

如果您执行这段代码片段，结果为：

1x1=1	1x2=2	1x3=3	1x4=4	1x5=5	1x6=6	1x7=7	1x8=8	1x9=9

请记住！特殊字符序列 \ t 在每次迭代之后"显示"一个制表符。这确保了所有内容都可以正确对齐。

内部（嵌套）循环结构已经完成。您现在需要的是一种执行该循环结构 9 次的方法，只是每次变量 i 必须为不同的值，即从 1 到 9。该代码片段如下所示：

```
for i in range(1, 10):
    #Here goes the code that displays one single line
    #of the multiplication table
    print()
```

> **提示**
>
> print() 语句用于"显示"行之间的换行符。

现在，我们可以将两个代码片段组合在一起，将第一个嵌套到第二个代码片段中。最终的 Python 程序变成：

file_21_6

```python
for i in range(1, 10):
    for j in range(1, 10):
        print(i, "x", j, "=", i * j, end = "\t")
    print()
```

21.7 复习题：判断对错

判断以下语句的真假。

1. 当迭代次数未知时，可以使用有限循环结构。

2. 当迭代次数已知时，不能使用 while 结构。

3. 根据"终极"规则，在 while 结构中，循环结构中布尔表达式的变量的初始化必须在循环内完成。

4. 根据"终极"规则，在 while 结构中，更新或改变循环结构的布尔表达式的变量的值的语句必须是循环中的最后一条语句。

5. 在 Python 中，您可以使用 break_loop 语句在完成所有迭代之前跳出循环。

6. 在 while 结构的布尔表达式中使用比较运算符不等于（!=）时，循环总是无止境地迭代。

21.8 复习题：选择题

选择正确的答案。

1. 当迭代次数未知时，可以使用

_____。

a. for 结构

b. while 结构

c. 以上都是

2. 当迭代次数已知时，可以使用

_____。

a. for 结构

b. while 结构

c. 以上都是

3. 根据"终极"规则,在 while 结构中,必须在_____完成循环结构布尔表达式的变量的初始化。

    a. 在循环内部

    b. 在循环外部

    c. 以上都是

4. 根据"终极"规则,在一个 while 结构中,必须在_____完成循环结构布尔表达式的变量的更新(或更改)。

    a. 在循环内部

    b. 在循环外部

    c. 以上都是

5. 当在 while 结构的布尔表达式中使用_____比较运算符时,循环将永久迭代。

    a. ==

    b. <=

    c. >=

    d. 视情况而定

■ 21.9　巩固练习

完成以下练习:

1. 以下程序本来应该提示用户反复输入姓名,直到输入"STOP"(视作姓名)。最后,程序必须显示输入的姓名总数以及这些姓名中有多少不是"John"。

```python
count_not_johns = 0
count_names = 0
name = ""
while name != "STOP":
    name = input("Enter a name: ")
    count_names += 1
    if name != "John":
        count_not_johns += 1

print("Names other than John entered", count_not_johns, "times")
print(count_names, "names entered")
```

但是,该程序显示错误的结果!根据"终极"规则,尝试修改程序,使其显示正确的结果。

2. 编写一个 Python 程序,提示用户输入一些文本。文本可以是一个单词或一个完整的句子。然后,程序必须显示一条消息,说明给定的文本是一个单词还是一个完整的句子。

提示:搜索空格字符!如果找到一个空格字符,则表示用户输入了一个句子。当程序发现至少存在一个空格字符时,必须停止进一步搜索。

3. 编写一个 Python 程序,提示用户输入一个句子。如果该句子至少包含一个数字,程序将显示消息"The sentence contains a number(此句子中包含一个数字)"。当程序发现至少有一位数字时,必须停止进一步搜索。

4. 更正下面的代码片段,使其不会无限地迭代。

```
print("Printing all integers from 1 to 100")
i = 1
while i < 101:
    print(i)
```

5. 更正以下 while 结构中的布尔表达式，使其不会无限地迭代。

```
print("Printing odd integers from 1 to 99")
i = 1
while not(i == 100):
    print(i)
    i += 2
```

6. 编写一个 Python 程序，显示 1 到 4 之间的每两个整数的组合以及它们的乘积。输出结果必须显示如下：

```
1 x 1 = 1
1 x 2 = 2
1 x 3 = 3
1 x 4 = 4
2 x 1 = 2
2 x 2 = 4
2 x 3 = 6
2 x 4 = 8
...
4 x 1 = 4
4 x 2 = 8
4 x 3 = 12
4 x 4 = 16
```

7. 编写一个 Python 程序，显示 1 到 12 之间的整数对的乘法表，如下所示。请注意，输出结果使用制表符对齐。

		1	2	3	4	5	6	7	8	9	10	11	12
1	|	1	2	3	4	5	6	7	8	9	10	11	12
2	|	2	4	6	8	10	12	14	16	18	20	22	24
3	|	3	6	9	12	15	18	21	24	27	30	33	36
...	|	...	...	...	...	...	...	...	...	...	...	...	...
11	|	11	22	33	44	55	66	77	88	99	110	121	132
12	|	12	24	36	48	60	72	84	96	108	120	132	144

扫码看视频

continue语句跳出本次循环。（break跳出整个循环）

continue语句用来告诉Python跳过当前的剩余语句，然后继续进行下一轮循环。

continue语句用在while和for循环中。

第 22 章　循环结构专项练习

■ 22.1　循环结构的一般性质的练习

练习 22.1.1　计算 1 + 2 + 3 + … + 100 的和

编写一个 Python 程序，计算并显示以下算式的和：

$$s = 1 + 2 + 3 + \cdots + 100$$

解答

这个练习可以使用顺序结构解决。虽然不是最好的选择，但它是一个可选项！变量 i 从 1 递增到 100，并且将每次递增后的值累加到变量 s 中。

```
s = 0
i = 1

s = s + i    #this pair of statements must be written 100 times.
i = i + 1

s = s + i
i = i + 1

...
...

s = s + i
i = i + 1

print(s)
```

显然，您可以使用一个 while 结构完成同样的事情，只需将变量 i 从 1 增加到 100 即可。在每次迭代中，将它的值累加到变量 s 中。

file_22_1_1a

```
s = 0
i = 1

while i <= 100:
    s = s + i
    i = i + 1

print(s)
```

您还可以使用 for 结构完成同样的任务，如下所示：

file_22_1_1b

```
s = 0
for i in range(1, 101):
```

```
        s = s + i

print(s)
```

练习 22.1.2　计算 2×4×6×8×10 的乘积

编写一个 Python 程序，计算并显示以下算式的乘积：

$$p = 2 \times 4 \times 6 \times 8 \times 10$$

解答

再重复一次，这个练习可以使用顺序结构解决。

```
p = 1
i = 2

p = p * i
i = i + 2

p = p * i
i = i + 2

p = p * i
i = i + 2

p = p * i
i = i + 2

p = p * i
i = i + 2

print(p)
```

当然，也还要重复一次，您可以使用一个 while 结构完成同样的事情，将变量 i 每次增加 2 且从 2 增加到 10 即可。

file_22_1_2a

```
p = 1

i = 2
while i <= 10:
    p = p * i
    i += 2

print(p)
```

或者，您甚至可以使用 for 结构，如下所示：

file_22_1_2b

```
p = 1

for i in range(2, 12, 2):
```

```
        p = p * i

print(p)
```

练习 22.1.3　计算正数的平均值

编写一个 Python 程序，提示用户输入 100 个数字，然后计算并显示这 100 个数字中正数的平均值。

解答

由于我们知道迭代的总次数，故可以使用 for 结构。不过在循环内部，if 结构必须检查给定的数字是否为正数，如果是的话，它必须将给定的数字累加到变量 total 中。当执行流退出循环时，就可以计算出平均值。Python 程序如下：

file_22_1_3a

```
total = 0
count = 0

for i in range(100):
    x = float(input("Enter a number: "))
    if x > 0:
        total += x
        count += 1

if count != 0:
    print(total / count)
else:
    print("No positives entered!")
```

> **提示**
>
> 语句 if count != 0 是必需的，因为有可能用户输入的均为负数（或 0）。有了这条检查语句，程序就可以避免除零错误。

练习 22.1.4　根据哪个数字更大进行计数

编写一个 Python 程序，提示用户输入 10 对数字，然后计算并显示给定数字对中第一个数字大于第二个数字的数字对的数目。

解答

再重复一次，您可以使用 for 结构。Python 程序如下：

---

file_22_1_4b

```
count_a = 0
count_b = 0

for i in range(10):
    a = int(input("Enter number A: "))
    b = int(input("Enter number B: "))

    if a > b:
        count_a += 1
    elif b > a:
        count_b += 1

print(count_a, count_b)
```

有人可能会问一个合理的问题，"为什么在这里使用if-elif结构？为什么不使用if-else结构呢？"假设使用如下的if-else结构：

```
if a > b:
    count_a += 1
else:
    count_b += 1
```

在这个决策结构中，当变量b大于变量a（这是我们所希望的）时和当变量b等于变量a时（这是我们不希望的），变量 count_b 均会递增。相反，使用if-elif结构可以确保变量 count_b 仅在变量b大于（而不是等于时）变量a时递增。

练习 22.1.5 根据数字位数计数

编写一个 Python 程序，提示用户输入 20 个整数。程序计算并显示 3 个不同的结果，分别为一位整数的数目、两位整数的数目和三位整数的数目。假设用户输入 1 到 999 之间的数字。

解答

这个问题没什么新鲜的！ Python 程序如下：

---

file_22_1_5

```
count1 = 0
count2 = 0
count3 = 0

for i in range(20):
    a = int(input("Enter a number: "))

    if a <= 9:
        count1 += 1
    elif a <= 99:
        count2 += 1
```

```
    else:
        count3 += 1

print(count1, count2, count3)
```

练习 22.1.6 总共有多少个数字

编写一个 Python 程序,提示用户反复输入数字,直到它们的总和超过 1000 为止。最后,程序必须显示输入的数字的总数目。

解答

在这种情况下,我们不知道确切的迭代次数,所以不能使用 for 结构。让我们用一个 while 结构代替,但是,为了让您的程序没有逻辑错误,您应该遵循第 21.3 节讨论的"终极"规则。根据该规则,解决此问题的 while 结构应该如下所示:

```
total = 0                    #Initialization of total
while total <= 1000:         #A Boolean expression dependent on total
    #Here goes
    #a statement or block of statements

    total += x      #Update/alteration of total
```

现在仅仅缺少提示用户输入数字的语句以及对输入数字总数进行计数的语句。最终的 Python 程序变成如下:

file_22_1_6

```
count = 0                    #This is not here due to the Ultimate Rule!

total = 0
while total <= 1000:
    x = float(input("Enter a number: "))
    count += 1

    total += x

print(count)
```

练习 22.1.7 迭代用户期望的次数

编写一个 Python 程序,提示用户输入两个数字,然后计算并显示第一个数字的第二个数字次幂的结果。该程序必须按用户要求的次数进行迭代。在每次计算结束时,程序必须询问用户是否要计算另一对数字。如果答案是"yes",程序必须重复执行,否则程序必须结束。让您的程序接受所有可能的形式的答案,如"yes""YES""Yes",甚至是"YeS"。

解答

根据"终极"规则,while 结构的一般形式应该如下:

```
answer = "yes"  #Initialization of answer

while answer.upper() == "YES":
    #Here goes the code that
    #prompts the user to enter two numbers and then
    #calculates and displays the first number
    #raised to the power of the second one.

    #Update/alteration of answer
    answer = input("Would you like to repeat? ")
```

提示

upper() 方法确保程序对任何给定的答案（包括 "yes" "YES" "Yes" "YeS"
甚至是 "YeS" 或 "yEs" 等！）都能正确地运行。

此练习的解决方案变成如下：

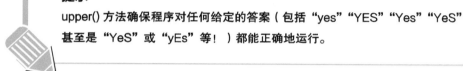

file_22_1_7

```
answer = "yes"          #Initialization of answer

while answer.upper() == "YES":
    a = int(input("Enter number A: "))
    b = int(input("Enter number B: "))

    result = a ** b
    print("The result is:", result)

    answer = input("Would you like to repeat? ")
```

练习 22.1.8 用循环结构寻找最小值

编写一个 Python 程序，提示用户输入 4 个人的体重，然后确定并显示最轻的体重。

解答

在练习 13.1.3 中，您学习了如何使用 if 结构找出 4 个值中的最小值。现在，下面的代码片段
和之前几乎相同，但只使用一个变量 w 保存用户输入的值。

```
w = int(input("Enter a weight: "))      #User enters 1st weight
maximum = w

w = int(input("Enter a weight: "))      #User enters 2nd weight
if w > maximum:
    maximum = w
```

153

```
w = int(input("Enter a weight: "))        #User enters 3rd weight
if w > maximum:
    maximum = w

w = int(input("Enter a weight: "))        #User enters 4th weight
if w > maximum:
    maximum = w
```

除了第一对语句外，其他所有语句块都是相同的，因此，只需将其中一对语句放进 for 循环中并执行 3 次即可，如下所示：

file_22_1_8

```
w = int(input("Enter a weight: "))       #User enters 1st weight
minimum = w

for i in range(3):
    w = int(input("Enter a weight: ")) #User enters 2nd, 3rd and 4th weight
    if w < minimum:
        minimum = w
```

当然，如果您希望允许用户输入更多的值，只需增加 for 结构中的 final_value 的值！

提示

您可以通过将 if 结构中的"小于"运算符替换成"大于"运算符，从而找出最大值而不是最小值。

提示

请注意 for 结构的迭代次数必须比输入的数字的总数目少 1。

练习 22.1.9　将 0 到 100 华氏温度转换为开尔文温度

编写一个 Python 程序，显示 0 ~ 100 之间（温度增量值为 0.5）所有华氏温度以及与它们等价的开尔文温度。已知：

$$开尔文温度 = \frac{华氏温度 + 459.67}{1.8}$$

解答

您所需要的是一个变量 fahrenheit 和一个 while 结构，它将变量 fahrenheit 的值从 0 增加到 100，增量为 0.5。Python 程序编写如下：

file_22_1_9

```
fahrenheit = 0
while fahrenheit <= 100:
    kelvin = (fahrenheit + 459.67) / 1.8
    print("Fahrenheit:", fahrenheit, "Kelvin:", kelvin)
    fahrenheit += 0.5
```

> **提示**
>
> 您不能使用 for 结构解决这个问题。与 for 语句一起使用的 range() 函数仅支持整型增量值，而在此练习中，增量为 0.5。

练习 22.1.10 棋盘上的大米

有一个关于发明国际象棋的那个穷人的神话。国王对这款新游戏非常满意，他愿意赐那个穷人自己想要的任何东西。这个贫穷却聪明的人告诉国王，他希望在棋盘第一个格子中有一粒米，第二个格子中有两粒，第三格中有四粒，依此类推，棋盘的 64 个方格中的每一格里的米粒数量都是前一格的两倍。国王认为这个要求很容易满足，于是他命令仆人拿来大米。

编写一个 Python 程序，计算棋盘上最终有多少粒米。

解答

假设棋盘只有 2×2 = 4 个方格，变量 grains 的初始值为 1（这是第一个方格中的米粒数量）。for 循环迭代 3 次，在每次迭代中将变量 grains 的值加倍，如下面的代码片段所示：

```
grains = 1
for i in range(3):
    grains = 2 * grains
```

下面的表格显示了每次迭代结束时变量 grains 的值：

迭代次数	变量 grains 的值
第 1 次	2 × 1=2
第 2 次	2 × 2=4
第 3 次	2 × 4=8

在第三次迭代结束时，变量 grains 值为 8。但该值不是棋盘上的米粒的总数，只是第 4 个格子中的米粒数量。如果您需要计算棋盘上的米粒总数，可以累加所有格子中的米粒，即 1 + 2 + 4 + 8 = 15。

在现实世界中，一个真正的棋盘有 8×8 = 64 个方格，因此需要迭代 63 次。Python 程序如下：

file_22_1_10

```
grains = 1
total = 1
for i in range(63):
    grains = 2 * grains
    total = total + grains

print(total)
```

如果您好奇这个数字究竟有多大，答案在这里：在棋盘上会有 18 446 744 073 709 551 615 颗米粒！

练习 22.1.11 游戏 – 找到秘密数字

编写一个 Python 程序，给一个变量赋值 1 ~ 100 之间的随机秘密整数，然后提示用户猜测该数字。如果输入的整数大于秘密数字，则必须显示"Your guess is bigger than my secret number. Try again."。如果输入的整数小于秘密数字，则显示"Your guess is smaller than my secret number. Try again."。程序必须重复执行，直到用户最终猜出秘密数字。然后，必须显示一条消息"You found it!"，并显示用户尝试的总次数。

解答

根据"终极"规则，该问题的 while 结构的一般形式应该如下所示：

```
guess = int(input("Enter a guess: "))    #Initialization of guess
while guess != secret_number:

    #Here goes the rest of the code

    #Update/alteration of guess
    guess = int(input("Enter a guess: "))
```

while 结构中的其余代码很容易填写。更确切地说，程序必须将用户猜测的数字与秘密数字进行比较，并且必须显示正确的消息。此外，保存用户尝试次数的变量的增量为 1。

提示
如果您不记得如何生成随机整数，您可能需要再次阅读第 10.2 节加深印象。

解决方案如下：

file_22_1_11

```
import random

secret_number = random.randrange(1, 101)
```

```
attempts = 1

guess = int(input("Enter a guess: "))
while guess != secret_number:
    if guess > secret_number:
        print("Your guess is bigger than my secret number. Try again.")
    else:
        print("Your guess is smaller than my secret number. Try again.")

    attempts += 1

    guess = int(input("Enter a guess: "))

print("You found it!")
print("Attempts:", attempts)
```

■ 22.2 巩固练习

完成以下练习:

1. 编写一个 Python 程序,计算并显示以下算式的总和:

$$S = 1 + 3 + 5 + \cdots + 99$$

2. 编写一个 Python 程序,提示用户输入一个整数 N,然后计算并显示以下算式的总和:

$$S = 2 + 4 + 6 + \cdots + 2*N$$

3. 编写一个 Python 程序,提示教师输入学生总数及其成绩,然后计算并显示获得"A"等级(90 ~ 100 分)的学生的平均成绩。

4. 编写一个 Python 程序,提示用户反复输入数值,直到它们的总和超过 3000。最后,程序必须显示用户输入的 0 的总次数。

5. 圆的面积可以用以下公式计算:

$$面积 = \pi \cdot 半径^2$$

编写一个 Python 程序,提示用户输入圆的半径长度,然后计算并显示其面积。该程序必须按照用户期望的次数进行迭代。在每次面积计算结束时,程序必须询问用户是否希望计算另一个圆的面积。如果答案是"yes",程序必须再次执行新的面积计算过程,否则程序必须结束。让您的程序接受所有可能的形式的答案,如"yes""YES""Yes"甚至"YeS"。

提示:π 的值约为 3.141。

6. 编写一个 Python 程序,显示 1 字节到 1G 字节之间的所有可能的 RAM 大小,例如 1、2、4、8、16、32、64、128 等。

提示:1G 字节等于 2^{30} 个字节,或 1 073 741 824 个字节。

7. 编写一个 Python 程序,输出以下整数序列:

$$-1, 1, -2, 2, -3, 3, -4, 4, \cdots -100, 100$$

8. 编写一个 Python 程序，显示以下整数序列：

$$1, 11, 111, 1111, 11111, \cdots, 11111111$$

9. 编写一个 Python 程序，提示用户输入 8 月的每天中午 12 点的温度，然后计算并显示该月平均温度和最高温度。

10. 一位科学家需要一个软件应用程序记录海平面数值以提取一些有用的信息。编写一个 Python 程序，提示科学家输入每小时测量的海平面数值以及每次测量时相应的时刻，为期一天。然后，程序必须显示最高和最低的海平面数值以及记录这些数值的时刻。

11. 拓展练习 22.1.11 中的游戏，让它支持两个玩家操作。赢者是猜到随机秘密数字时猜测次数较少的玩家。

12. 编写一个 Python 程序，提示老师输入学生的总人数，学生的成绩、性别（男生为 M，女生为 F)，然后计算并显示以下所有内容：

a. 得到"A"的人的平均分 (90 ~ 100 分)

b. 得到"B"的人的平均分 (80 ~ 89 分)

c. 得到"A"的男生的平均分 (90 ~ 100 分)

d. 等级低于"B"的女生总数

e. 整个班级的平均分

13. 根据下表，编写一个 Python 程序，显示客户根据订单总额所得到的折扣。

总额	折扣
$0< 总额 <$20	0%
$20< 总额 <$50	3%
$50< 总额 <$100	5%
$100 ≤ 总额	10%

在每次折扣计算结束时，程序必须询问用户是否愿意显示另一个金额的折扣。如果答案是"yes"，程序必须再次执行计算过程，否则必须结束。让您的程序接受所有可能形式的答案，比如"yes""YES""Yes"甚至"YeS"。

第 23 章　海龟绘图

■ 23.1　引言

"海龟"是 Python 提供的一个功能，可以让您在一个窗口内教一只虚拟海龟四处移动并绘制您想要的形状。

海龟有 3 个属性：

（1）位置；

（2）方向；

（3）笔。

您可以指示海龟向前或向后移动，向左或向右转动，抬笔或落笔，等等。通过使用简单的语句和您迄今为止学到的一切知识，您可以绘制简单甚至非常复杂的图形。

> **提示**
>
> 顺带一提，Logo 是第一门支持海龟绘图的编程语言。

■ 23.2　x-y 平面

在开始学习 Python 海龟绘图之前，您需要了解一些关于海龟坐标系的知识。

海龟使用两个坐标确定它在屏幕上的位置。"X 位置"决定了水平位置，"Y 位置"决定了海龟的垂直位置。

我们假设海龟可以移动的窗口是一个 400 像素 ×300 像素的矩形，如图 23-1 所示。

这意味着：

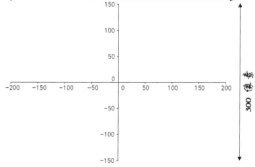

图 23-1　海龟的坐标系

- X 位置的范围为 -200 ~ 200,其中 -200 和 200 分别是海龟可以处于的最左和最右的位置。
- Y 位置的范围为 -150 ~ 150,其中 -150 和 150 分别是海龟可以处于的最低和最高的位置。

按照惯例,把坐标写成(x,y)的形式。窗口中心位于(0,0)。例如,在图 23-2 中,海龟的位置为(50,100)。

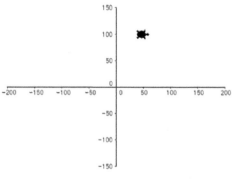

图 23-2　一只位于(50,100)位置的海龟

■ 23.3　海龟在哪儿

要开始驱动海龟,我们只需要 4 行代码,如下面的代码片段所示。让我们将您的海龟命名为 "George"。

```
import turtle             #Import turtle module

wn = turtle.Screen()      #Create a graphics window
george = turtle.Turtle()  #Create a new turtle. Let's call it "george"

wn.exitonclick()          #Wait for a user click on the graphics window
```

如果您尝试执行这 4 行代码,将会看到一个窗口和一个位于位置(0,0)、面向右侧的海龟,如图 23-3 所示。

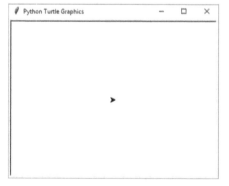

图 23-3　一只位于(0,0)位置的海龟

提示
位置(0,0)位于窗口的中心。

显然您现在想的是:"这不是海龟,不过是一个箭头!"是的,您是对的!这看起来确实不像一只海龟!

您可以使用语句 george.shape("turtle") 更改 George 的默认外观，如下所示：

```
import turtle

wn = turtle.Screen()
george = turtle.Turtle()
george.shape("turtle") #Change George to a real turtle

wn.exitonclick()
```

现在，George 看起来像一只真的海龟了，如图 23-4 所示。

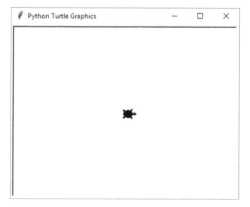

提示

George 最初面向右方。

图 23-4　George 看起来像一只真的海龟

■ 23.4　前后移动

海龟可以向前或向后移动指定像素的距离。以下程序告诉 George 前进 50 个像素。

file_23_4a

```
import turtle

wn = turtle.Screen()
george = turtle.Turtle()
george.shape("turtle")

george.forward(50)  #Move George forward by 50 pixels

wn.exitonclick()
```

输出结果如图 23-5 所示。

请记住！海龟总是向其面向的方向移动。由于George最初面向右方，因此语句george.forward(50)指示它向图23-5中所示的方向移动。

相应地，下面的程序指示 George 向后移动 100 像素。

file_23_4b

```
import turtle

wn = turtle.Screen()
george = turtle.Turtle()
george.shape("turtle")

george.backward(100)    #Move George backward by 100 pixels

wn.exitonclick()
```

输出结果如图 23-6 所示。

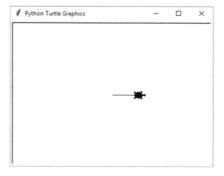

图 23-5　George 向前移动了 50 像素

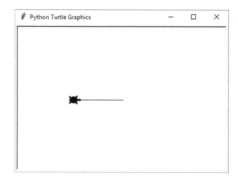

图 23-6　George 向后移动了 100 像素

23.5　左转和右转

海龟不仅可以向前或向后移动，还可以向左或向右转。图 23-7 展示了一个量角器和一只面向右方的海龟。

请记住！海龟程序执行伊始，海龟总是面向右方。

下面的程序告诉 George 向左旋转 90°（即逆时针旋转 90°）。

file_23_5a

```
import turtle

wn = turtle.Screen()
george = turtle.Turtle()
george.shape("turtle")
```

```
george.left(90)       #Rotate counterclockwise by 90 degrees

wn.exitonclick()
```

结果如图 23-8 所示。

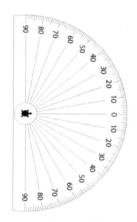

图 23-7 量角器和面向右方的海龟

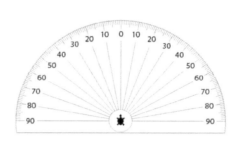

图 23-8 George 向左旋转了 90°

接下来，您可以叫 George 向右转 45°（即顺时针旋转 45°）。

file_23_5b

```
import turtle

wn = turtle.Screen()
george = turtle.Turtle()
george.shape("turtle")

george.left(90)       #Rotate counterclockwise by 90 degrees
george.right(45)      #Rotate clockwise by 45 degrees

wn.exitonclick()
```

结果如图 23-9 所示。

练习 23.5.1　绘制一个矩形

编写一个 Python 程序，在屏幕上绘制一个
200 像素 ×100 像素的矩形。

解答

这个练习很简单。您可以告诉您的海龟：

- 向前移动 200 像素；

图 23-9 George 向左旋转 90°，然后向右转 45°

- 向左旋转 90°；
- 向前移动 100 像素；
- 再次向左旋转 90°；
- 向前移动 200 像素；
- 向左旋转 90°；
- 向前移动 100 像素。

相应的 Python 程序如下所示：

file_23_5_1

```
import turtle

wn = turtle.Screen()
george = turtle.Turtle()
george.shape("turtle")

george.forward(200)
george.left(90)
george.forward(100)
george.left(90)
george.forward(200)
george.left(90)
george.forward(100)

wn.exitonclick()
```

相应的输出结果如图 23-10 所示。

请记住！要始终牢记于心，海龟程序开始执行时，海龟总是面向右侧。

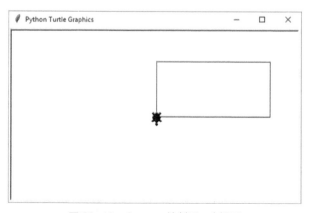

图 23-10　George 绘制了一个矩形

练习 23.5.2 绘制自定义大小的矩形

编写一个 Python 程序，提示用户输入矩形底和高的长度，然后在屏幕上绘制出该矩形。

解答

这个练习很简单。相应的 Python 程序如下所示：

```
                              file_23_5_2
import turtle

x = int(input("Enter the length of the base: "))
y = int(input("Enter the length of the height: "))

wn = turtle.Screen()
george = turtle.Turtle()
george.shape("turtle")

george.forward(x)
george.left(90)
george.forward(y)
george.left(90)
george.forward(x)
george.left(90)
george.forward(y)

wn.exitonclick()
```

■ 23.6 将方向设置为指定的角度

有时您需要将海龟直接转到指定的角度，而不管它之前朝着什么方向。您可以使用如图 23-11 所示的量角器查找任何希望的角度。

在接下来的程序中，George 通过将其方向设置为指定的角度绘制一个直角三角形。

```
                              file_23_6
import turtle

wn = turtle.Screen()
george = turtle.Turtle()
george.shape("turtle")

george.forward(100)
george.setheading(270)
george.forward(100)
george.setheading(135)
george.forward(141)

wn.exitonclick()
```

输出结果如图 23-12 所示。

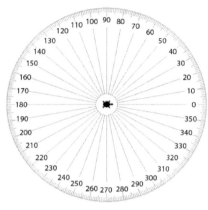

图 23-11 0° ~ 360° 的量角器

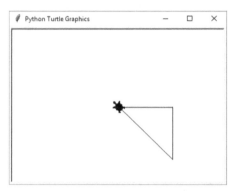

图 23-12 George 绘制了一个直角三角形

■ 23.7 设置延迟时间

如果您希望改变海龟在绘图窗口中移动的速度，可以使用 turtle.delay() 方法。在下面的程序中，海龟非常缓慢地绘制出一个三角形，让任何人都可以看清它的移动轨迹。

file_23_7

```python
import turtle

wn = turtle.Screen()
george = turtle.Turtle()
george.shape("turtle")

#Set the delay to 50 milliseconds
turtle.delay(50)

#Draw a triangle
george.forward(100)
george.left(120)
george.forward(100)
george.left(120)
george.forward(100)
george.left(120)

wn.exitonclick()
```

输出结果如图 23-13 所示。

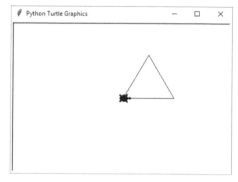

图 23-13　George 缓慢地绘制了一个三角形

■ 23.8　改变笔的颜色和大小

下面的程序首先改变笔的颜色，然后绘制一条蓝色的直线。

提示
绘制延迟时间越长，海龟移动速度越慢。

file_23_8a

```python
import turtle

wn = turtle.Screen()
george = turtle.Turtle()
george.shape("turtle")

#Change pen's color to blue
george.color("blue")

#Draw a blue line
george.forward(100)

wn.exitonclick()
```

除了更改笔的颜色外，还可以更改其大小（即宽度）。下面的程序更改笔的大小并绘制粗线和细线。

提示
您可以在网上搜索一个可用颜色的名称列表。

file_23_8b

```python
import turtle

wn = turtle.Screen()
george = turtle.Turtle()
```

167

```
george.shape("turtle")

#Change pen's size to 5 pixels
george.pensize(5)

#Draw a thick line
george.backward(100)

#Change pen's size back to 1 pixel
george.pensize(1)

#Draw a thin line
george.backward(100)

wn.exitonclick()
```

输出结果如图 23-14 所示。

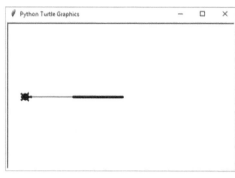

图 23-14　George 绘制了一条粗线和一条细线

23.9　把海龟的笔抬起或落下

有些时候您希望移动海龟而不绘制线条。这很容易做到。可以抬起海龟的笔，将海龟移动到您希望的位置，然后再将海龟的笔落下，如以下程序所示。

file_23_9

```
import turtle

wn = turtle.Screen()
george = turtle.Turtle()
george.shape("turtle")

george.forward(50)
george.penup()          #Pull pen up
george.backward(200)
george.pendown()        #Pull pen down
george.forward(50)

wn.exitonclick()
```

输出结果如图 23-15 所示。

练习 23.9.1　绘制一栋房子

编写一个 Python 程序，在屏幕上绘制下面的房子。矩形使用蓝色，屋顶使用红色。下面的图标明了所需的尺寸和角度。

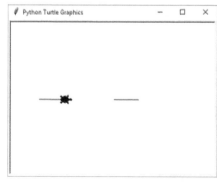

图 23-15　George 可以将它的笔抬起或落下

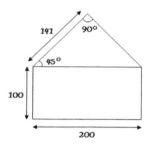

解答

在练习 23.5.1 中，您学会了如何绘制下面的矩形。

在绘制过程结束时，海龟面朝下。要绘制屋顶，必须将 George 移动到矩形的左上角而不是绘制线条，然后将其方向直接设置为 45°，如下所示：

Python 程序如下所示：

file_23_9_1

```
import turtle

wn = turtle.Screen()
george = turtle.Turtle()
george.shape("turtle")

#Draw a blue rectangle
george.color("blue")
george.forward(200)
george.left(90)
george.forward(100)
george.left(90)
george.forward(200)
george.left(90)
george.forward(100)
```

```
#Move George to the top left corner of the rectangle
george.penup()
george.backward(100)
george.pendown()

#Draw the red roof
george.setheading(45)
george.color("red")
george.forward(141)
george.right(90)
george.forward(141)

wn.exitonclick()
```

输出结果如下所示：

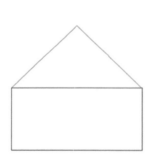

■ 23.10 将海龟直接移动到指定的位置

您可以将海龟移动到指定的 x、y 坐标，如以下程序所示：

file_23_10a

```
import turtle

wn = turtle.Screen()
george = turtle.Turtle()
george.shape("turtle")

george.goto(-200, 100)

wn.exitonclick()
```

输出结果如图 23-16 所示。

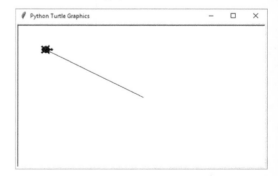

图 23-16 George 直接移动到指定位置

提示

语句 george.goto(-200, 200) 可以将 George 移动到一个指定位置，但不会改变其方向。此外，如果笔处于落下的状态，则会绘制出一条直线。

下面的程序在屏幕上绘制一个"X"：

file_23_10b

```python
import turtle

wn = turtle.Screen()
george = turtle.Turtle()
george.shape("turtle")

george.goto(-100, 200)
george.goto(0, 0)
george.goto(-100, -200)
george.goto(0, 0)
george.goto(100, -200)
george.goto(0, 0)
george.goto(100, 200)
george.goto(0, 0)

wn.exitonclick()
```

输出结果如图 23-17 所示。

■ 23.11 利用决策和循环结构控制海龟

从顺序结构到循环结构，您在 Python 中学到的所有知识都可以用在海龟绘图中，

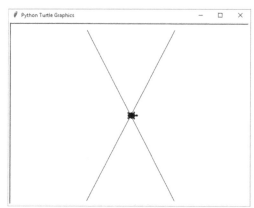

图 23-17　George 绘制出一个 X

从而创建出更加令人惊奇的图形。也许有一天您会成为一位著名的海龟画家！谁知道呢。

假设您希望绘制一个 50 像素 × 50 像素的正方形。下面的代码提供了一种办法，虽然这种解决方案并不完美，但可以达到目的：

```python
import turtle

wn = turtle.Screen()
george = turtle.Turtle()
```

```
george.shape("turtle")

george.forward(50)
george.left(90)
george.forward(50)
george.left(90)
george.forward(50)
george.left(90)
george.forward(50)
george.left(90)

wn.exitonclick()
```

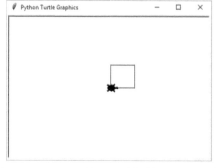

然而，如果仔细观察，您会注意到这一对语句：

```
george.forward(50)
george.left(90)
```

被写了 4 次。因此，如果我们使用 for 结构执行它们 4 次的话无疑更好，如下所示：

file_23_11a

```
import turtle

wn = turtle.Screen()
george = turtle.Turtle()
george.shape("turtle")

for i in range(4):
    george.forward(50)
    george.left(90)

wn.exitonclick()
```

输出结果如图 23-18 所示。

图 23-18　George 使用 for 结构绘制了一个正方形

现在，假设您希望并排绘制两个正方形。一种解决方案是编写相应的代码两次，第一次绘制第一个正方形，第二次绘制第二个正方形，如下面的代码所示：

```
import turtle

wn = turtle.Screen()
george = turtle.Turtle()
george.shape("turtle")

#Move the turtle to pole position
george.penup()
george.backward(200)
george.pendown()
```

```
###########################################
# First square
###########################################
for i in range(4):
    george.forward(50)
    george.left(90)

#Move the turtle to the position
#where next square will be drawn
george.penup()
george.forward(100)
george.pendown()
#End of first square


###########################################
# Second square
###########################################
for i in range(4):
    george.forward(50)
    george.left(90)

#Move the turtle to the position
#where next square will be drawn
george.penup()
george.forward(100)
george.pendown()
#End of second square


wn.exitonclick()
```

显而易见，使用这种方法绘制 10 个甚至 100 个正方形是非常麻烦的！我们的程序到最后会变得非常臃肿！

for 结构永远是所有这类问题的解决方案！如果您仔细研究前面的程序，您会注意到两组相同的语句。第一组绘制第一个正方形，第二组绘制第二个正方形。以下程序使用 for 结构可以并排绘制两个相同的 50 像素 ×50 像素的正方形。

file_23_11b

```
import turtle

wn = turtle.Screen()
george = turtle.Turtle()
george.shape("turtle")

#Move the turtle to pole position
george.penup()
george.backward(200)
george.pendown()
```

```
for square in range(2):
    #Draw a square
    for i in range(4):
        george.forward(50)
        george.left(90)

    #Move the turtle to the position
    #where next square will be drawn
    george.penup()
    george.forward(100)
    george.pendown()

wn.exitonclick()
```

输出结果如图 23-19 所示。

显然，现在很容易用这种方法绘制 5 个甚至 10 个正方形。唯一需要改变的是，外部 for 结构执行的迭代次数。不妨尝试一下，看看输出结果。

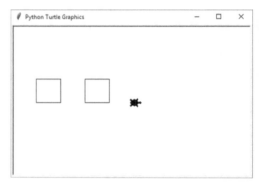

图 23-19　George 绘制了两个正方形

练习 23.11.1　绘制不同尺寸的正方形

编写一个 Python 程序，在屏幕上并排绘制 3 个正方形。3 个正方形的尺寸必须不同，第二个正方形的尺寸是第一个正方形的两倍，第三个正方形的尺寸是第一个正方形的三倍。第一个正方形的大小必须为 50 像素 × 50 像素。

解答

第一、第二和第三个正方形的边长分别为 50 像素、100 像素和 150 像素。这些值都是 50 的倍数，因此，可以使用 for 结构和乘数解答此练习。

file_23_11_1

```
import turtle

wn = turtle.Screen()
george = turtle.Turtle()
george.shape("turtle")

#Move the turtle to pole position
george.penup()
george.backward(330)
george.pendown()

for multiplier in range(1, 4):
    #Draw a square
```

```
for i in range(4):
    george.forward(50 * multiplier)
    george.left(90)

#Move george to a position
#where next square will be drawn
george.penup()
george.forward(50 * multiplier)
george.forward(30)
george.pendown()

wn.exitonclick()
```

输出结果如图 23-20 所示。

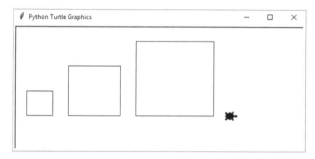

图 23-20　George 绘制了 3 个不同尺寸的正方形

练习 23.11.2　绘制不同尺寸的房子

编写一个 Python 程序，在屏幕上并排绘制 3 栋房子。如下所示，这 3 栋房子的尺寸必须不同，第二栋房子的尺寸是第一栋房子的两倍，第三栋房子的尺寸是第一栋房子的 3 倍。下图标明了所需的尺寸和角度。

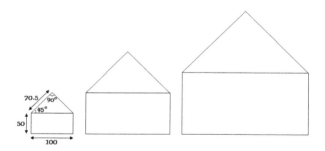

解答

在练习 23.9.1 中，我们学会了如何绘制一栋房子。现在，我们可以使用 for 结构和乘数解决这一类型的练习。

请记住，当海龟在循环内绘制完成一栋房子时，它必须移动到绘制下一栋房子的位置。在练习 23.9.1 中，海龟从矩形的左下角开始绘制房子，并在图 23-21 所示的位置完成绘制。

所以，为了将海龟移动到绘制下一栋房子的位置，程序必须：

- 抬起海龟的笔；
- 将其移动到矩形右下角；
- 旋转使其面向右方；
- 向前移动一些像素；
- 将它的笔放下。

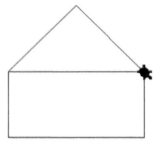

图 23-21　这是房子绘制完成时海龟所处的位置

这个流程可以通过以下程序中最后的 6 条语句完成：

file_23_11_2

```python
import turtle

wn = turtle.Screen()
george = turtle.Turtle()
george.shape("turtle")

#Move the turtle to pole position
george.penup()
george.backward(330)
george.pendown()

for multiplier in range(1, 4):
    #Draw a rectangle
    george.forward(100 * multiplier)
    george.left(90)
    george.forward(50 * multiplier)
    george.left(90)
    george.forward(100 * multiplier)
    george.left(90)
    george.forward(50 * multiplier)

    #Move George to the top left corner of the rectangle
    george.penup()
    george.backward(50 * multiplier)
    george.pendown()

    #Draw the roof
    george.setheading(45)
    george.forward(70.5 * multiplier)
    george.right(90)
    george.forward(70.5 * multiplier)
```

```
#Move george to a position
#where next house will be drawn
george.penup()
george.setheading(270)
george.forward(50 * multiplier)
george.setheading(0)
george.forward(30)
george.pendown()

wn.exitonclick()
```

练习 23.11.3　绘制五边形

编写一个 Python 程序绘制五边形。其边长必须为 100 像素，线宽必须为 2 像素。

如何修改您的程序才能够绘制一个六边形或七边形？

解答

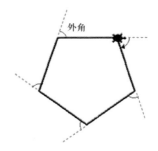

要绘制五边形，了解一些几何概念是必要的。如图 23-22 所示，当海龟画五边形的一边时，它必须向右转特定的角度。这是多边形的外角，等于 360/5 = 72°，其中 5 代表五边形的边数。

图 23-22　George 必须旋转 72°

下面的程序显示了这个问题的解决方案：

file_23_11_3

```
import turtle

wn = turtle.Screen()
george = turtle.Turtle()
george.shape("turtle")

george.pensize(2)

sides = 5

for i in range(sides):
    george.forward(100)
    george.right(360 / sides)

wn.exitonclick()
```

您有没有想到修改程序中的什么地方，就可以绘制一个六边形或七边形？

是的，这并不难！修改变量 sides 的值就可以绘制我们想要的任何多边形！

177

练习 23.11.4　绘制五角星

编写一个绘制五角星的 Python 程序。五角星的边长必须为 150 像素，线宽必须为 3 像素。

解答

利用图 23-23 和一些简单的几何规则，很容易发现，在绘制完成每一条边后，海龟必须向右转 $36 \times 4 = 144°$。将值 180 除以 5 就可以轻松得到值 36。

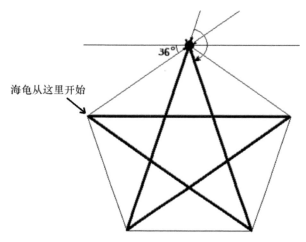

海龟从这里开始

图 23-23　George 必须旋转 144°

绘制一个五角星的程序如下：

```
                        file_23_11_4a

import turtle

wn = turtle.Screen()
george = turtle.Turtle()
george.shape("turtle")

george.pensize(3)

for i in range(5):
    george.forward(150)
    george.right(180 / 5 * 4)    # 180 / 5 * 4 = 36 * 4 = 144

wn.exitonclick()
```

如果希望绘制一个七角星，可以使用下面的程序：

```
                        file_23_11_4b

import turtle

wn = turtle.Screen()
```

```
george = turtle.Turtle()
george.shape("turtle")

george.pensize(3)

points = 7

for i in range(points):
    george.forward(150)
    george.right(180 / points * (points - 1))

wn.exitonclick()
```

提示

很明显，您可以使用这个程序绘制有任意数量的顶点的星星。请记住，为了使程序正常工作，顶点数必须是奇数，例如 5、7、9、11、13 等。

练习 23.11.5　在随机位置绘制随机种类的星星

编写一个 Python 程序，在随机位置绘制 10 颗具有随机尺寸、随机顶点数的星星。

解答

以下语句生成 5 到 21 之间的随机奇数：

```
points = random.randrange(5, 23, 2)
```

我们需要这个奇数绘制具有随机顶点数的星星！如果您不记得如何生成随机整数，则可能需要再次阅读第 10.2 节回顾所学知识。

现在，让我们使用第 21.6 节中提出的"由内而外"问题解决方法。我们试着在随机位置绘制一个具有随机尺寸和随机顶点数的星星。代码片段以及所有必要的注释如下：

```
#Pick random x, y values and move the turtle to that position
x = random.randrange(-200, 200)
y = random.randrange(-200, 200)
george.penup()
george.goto(x, y)
george.pendown()

#Pick a random number of points
points = random.randrange(5, 23, 2)

#Pick a random side length
length = random.randrange(10, 100)

#Draw a star
```

179

```
for i in range(points):
    george.forward(length)
    george.right(180 / points * (points - 1))
```

现在，一切都已经清晰了，要绘制 10 颗星星，只需将该代码片段嵌套在一个迭代 10 次的 for 结构中，如下所示：

file_23_11_5

```
import random
import turtle

wn = turtle.Screen()
george = turtle.Turtle()
george.shape("turtle")

#Draw stars as quickly as possible
turtle.delay(0)

for star in range(10):
    #Pick random x, y values and move the turtle to that position
    x = random.randrange(-200, 200)
    y = random.randrange(-200, 200)
    george.penup()
    george.goto(x, y)
    george.pendown()

    #Pick a random number of points
    points = random.randrange(5, 23, 2)

    #Pick a random side length
    length = random.randrange(10, 100)

    #Draw a star
    for i in range(points):
        george.forward(length)
        george.right(180 / points * (points - 1))
```

```
wn.exitonclick()
```

输出结果可能与图 23-24 中显示的结果类似。

练习 23.11.6　使用决策结构绘制星星

编写一个 Python 程序，绘制如下的星星。其边长和线宽可以由您决定。图中给出了所有需要的角度。

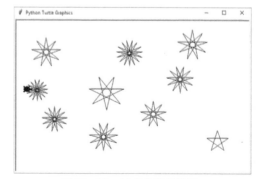

图 23-24　10 颗在随机位置、具有随机大小和顶点数的星星

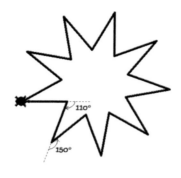

解答

这个练习的问题在于其中有两个不同的角度。第一次，海龟必须向前移动并右转 110°（即顺时针方向）。然而，下一次海龟必须向前移动但左转 150°（即逆时针方向）。该过程必须重复 18 次。以下展示了该练习的解决方案：

file_23_11_6

```
import turtle

wn = turtle.Screen()
george = turtle.Turtle()
george.shape("turtle")

george.pensize(3)

flag = False
for x in range(18):
    george.forward(100)

    if flag == False:
        george.right(110)
    else:
        george.left(150)

    flag = not flag      #This statement reverses flag from True to False
                         #and vice versa

wn.exitonclick()
```

23.12 巩固练习

完成以下练习：

1. 编写一个绘制箭头的 Python 程序。自己选择尺寸和角度。

2. 编写一个绘制平行四边形的 Python 程序。自己选择尺寸和角度。

3. 编写一个绘制菱形的 Python 程序。自己选择尺寸和角度。

4. 编写一个绘制梯形的 Python 程序。自己选择尺寸和角度。

5. 编写一个 Python 程序，绘制出下面的形状。自己选择尺寸。

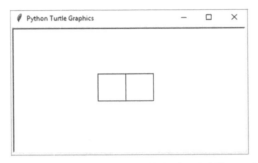

6. 编写一个绘制 4 个正方形的 Python 程序。输出结果必须如下所示。自己选择尺寸。

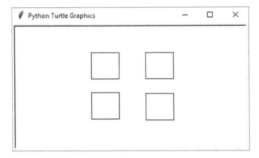

7. 编写一个 Python 程序，提示用户输入海龟的笔宽，以及矩形的底和高的长度，然后程序在屏幕上绘制出该矩形。

8. 编写一个 Python 程序，提示用户输入等边三角形的边长，然后在屏幕上将其绘制出来。

提示：在等边三角形中，所有的角都相等，每一个角都是 60°。

9. 编写一个 Python 程序，绘制出下面的形状。自己选择尺寸。

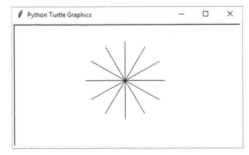

10. 编写一个 Python 程序，绘制出三个星星，一个嵌在另一个内部，就像下图所示的形状那样。自己选择尺寸。

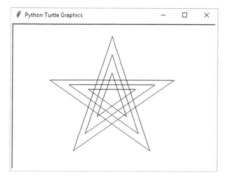

11. 编写一个绘制三个正方形的 Python 程序，输出结果必须如下所示。自己选择尺寸和角度。

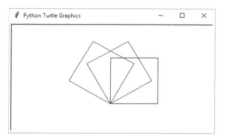

12. 修改前一个练习的代码，绘制 12 个正方形。看看会发生什么！

13. 修改前一个练习的代码绘制出下面的形状。自己选择尺寸。

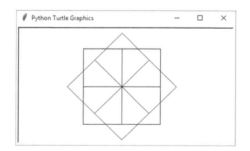

14. 编写一个 Python 程序，在屏幕上绘制如下图所示的房子。要求墙壁为蓝色，屋顶为红色，窗户和门为棕色。图中标明了所需的尺寸和角度。

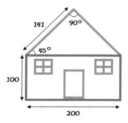

15. 修改前一个练习的代码，绘制出 3 栋并排的房子。

第 24 章　Python 中的数据结构

■ 24.1　数据结构引介

变量是在内存中存储值的好方法，但它存在局限性，即一次只能保存一个值。不妨思考下面练习中的内容：

编写一个 Python 程序，提示用户输入 5 个学生的名字。然后，将名字按输入的相反顺序显示出来。

在下面的代码片段中

```
for i in range(5):
    name = input("Enter a name: ")
```

当循环最终完成迭代时，变量 name 只包含输入的最后一个名字。很遗憾，之前输入的 4 个名字都丢失了！使用此代码片段，无法按输入的相反顺序显示出它们。

一个可行的解决方案是使用 5 个单独的变量，如下所示：

```
name1 = input("Enter a name: ")
name2 = input("Enter a name: ")
name3 = input("Enter a name: ")
name4 = input("Enter a name: ")
name5 = input("Enter a name: ")

print(name5)
print(name4)
print(name3)
print(name2)
print(name1)
```

这个方案虽不完美，但可以解决问题！然而，在许多情况下，程序需要处理大量的数据。如果这个练习的内容要求用户输入 1000 个而不是 5 个名字呢？思考一下！您是否有耐心为每个名字编写一个类似的Python 程序？当然没有！幸运的是，我们可以使用数据结构！

> **提示**
>
> 在计算机科学中，数据结构就是组织好的数据集合，这样我们就可以以有效的方式对其进行操作。

Python 中有很多可用的数据结构，例如列表、元组、字典、集合、不可变集合和字符串。是的，您没有听错！字符串是数据结构！字符串只不过是含有字母数字字符的集合！

除了字符串之外（您已经学到了关于字符串足够多的知识），列表、元组和字典是 Python 中最常用的数据结构。下面的章节将分析这三种数据结构。

■ 24.2 什么是列表

列表是一种可以在一个通用名称下保存多个值的数据结构。您可以将列表视为一组项的集合。列表中的每个项称为一个元素，每个元素都以唯一的数字进行标定，这个数字称为索引位置，简称索引。列表是可变的（可更改的），这意味着它们的元素的值可以被改变，可以添加新的元素到列表中或从列表中删除元素。

> **提示**
>
> 计算机科学中的列表类似于数学中使用的矩阵。数学矩阵是以行、列排列的数字或其他数学对象的集合。

> **提示**
>
> 在许多计算机语言(如C、C++等)中没有列表。这些语言使用另一种数据结构，称为"数组"。不过，列表比数组更高效、更强大。

下面的例子展示了一个包含 6 名学生成绩的列表。列表的名字是 grades。为了方便起见，相应的索引被写在每个元素的上方。在 Python 中，索引编号默认从 0 开始。

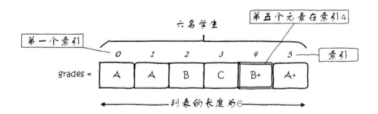

请记住！由于索引编号从0开始，因此最后一个列表元素的索引比列表中元素总数少1。在列表grades中，最后一个元素的索引是5，而元素的总数为6。

您可以将列表 grades 看成 6 个独立的变量: grades0、grades1、grades2、…、grades5，每个变量保存一名学生的成绩。然而，列表的优点在于它可以在一个通用名称下保存多个值。

练习 24.2.1 设计一个数据结构

设计一个可以保存 8 个人的年龄的数据结构，然后在该结构中添加一些典型值。

解答

您需要做的就是设计一个包含 8 个元素（索引从 0 到 7）的列表。列表可以是一行或者一列，如下所示：

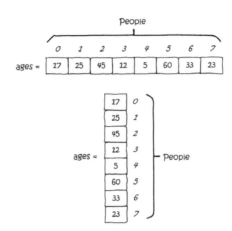

请记住，在 Python 中并不存在一行或一列的列表。这些概念可能存在于数学矩阵中（或在您的想象中！），但不存在于 Python 中。Python 中的列表只是列表，这就是全部的故事！如果您希望将它们可视化成一行或一列，随便您。

练习 24.2.2 设计数据结构

设计必要的数据结构保存 7 个人的姓名和年龄，然后在该结构中添加一些典型值。

解答

这个练习可以用两个列表实现。让我们将每个列表设计成一列。

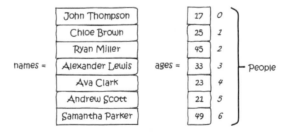

正如您可能已经注意到的那样，这两个列表的元素之间有着非常密切的关系——列表 names 的元素和列表 ages 的元素的索引位置之间存在一一对应关系。列表 names 的索引 0 位置是"John Thompson"，在列表 ages 的相同索引位置是他的年龄。是的！约翰 17 岁了！显而易见，Chloe Brown 是 25 岁，Ryan Miller 是 45 岁，等等。

■ 24.3 在 Python 中创建列表

Python 为创建列表并给它添加值提供了多种方式。根据给定的问题，由您决定使用哪一种方法。

我们尝试使用最常用的方式创建下面的列表：

第一种方式

要想创建一个列表并为其元素直接赋值，可以参考以

下一般形式的 Python 语句。

```
list_name = [ value0, value1, value2, ⋯, valueM ]
```

对于这种方式，您可以使用以下语句创建列表 ages：

```
ages = [12, 25, 9, 11]
```

在这种方式中，索引被自动设置。将值 12 赋给索引位置 0 处的元素，将值 25 赋给索引位置 1 处的元素，依此类推。索引编号默认从 0 开始。

第二种方式

我们可以使用如下语句在 Python 中创建一个含有 size 个空元素的列表：

```
list_name = [None] * size
```

其中，size 可以是任何正整数值，它甚至可以是包含任何正整数值的变量。

下面的语句创建包含 4 个空元素的列表 ages：

```
ages = [None] * 4
```

您可以使用以下语句为列表元素

赋值：

```
list_name[index] = value
```

其中，index 是元素在列表中的

索引位置。

以下代码段创建列表 ages（在主存中保留 4 个位置），然后为其赋值。

```
ages = [None] * 4

ages[0] = 12
ages[1] = 25
ages[2] = 9
ages[3] = 11
```

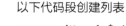

> **提示**
> 语句 ages = [None] * 4在主存(RAM)
> 中预留 4 个位置。

> **提示**
> 列表 ages 的长度为 4。

> **提示**
> 在 4.3 节中您学到了为 Python 变量取名时必须遵循的规则。为列表取名时遵
> 循完全相同的规则。

当然，您也可以将变量或表达式赋给 index，而不是一定要使用常量，如下所示：

```
ages = [None] * 4

k = 0

ages[k] = 12
ages[k + 1] = 25
ages[k + 2] = 9
ages[k + 3] = 11
```

第三种方式

在这种方式中，您可以创建一个完全为空的列表（没有元素），然后使用 append() 方法向其添加元素（和值），如下面给出的一般形式的 Python 语句所示：

```
list_name = []

list_name.append(value0)
list_name.append(value1)
list_name.append(value2)
...
list_name.append(valueM)
```

使用这种方式，您可以采用如下代码片段创建列表 ages：

```
ages = []
ages.append(12)
ages.append(25)
ages.append(9)
ages.append(11)
```

提示

请注意，这种方式 index 同样默认从 0 开始。

提示

语句 ages = [] 在主存（RAM）中不保留任何位置，它只是表明列表 ages 已经准备好接收新的元素。

■ 24.4 什么是元组

元组与列表几乎相同。其主要区别在于元组是不可变的（不可更改的），这意味着一旦元组被创建，其元素的值就不能改变。显然，我们不能为元组添加新元素或从中删除已有元素。

■ 24.5 在 Python 中创建元组

要想创建一个元组，必须将用逗号分隔的值放在圆括号中，如下面给出的一般形式的 Python

语句所示：

```
tuple_name = ( value0, value1, value2, ···, valueM )
```

下面的例子创建了一个包含 5 个元素的元组：

```
gods = ("Zeus", "Ares", "Hera", "Aphrodite", "Hermes")
```

索引被自动设置。值"Zeus"被赋给索引位置 0 处的元素，值"Ares"被赋给索引位置 1 处的元素，以此类推。索引编号默认从 0 开始。

下面的例子创建了两个元组。第一个元组包含 3 个学生的姓名，第二个元组包含他们的年龄。很明显，元组 names 和元组 ages 的索引位置上的元素存在一一对应关系。Maria 是 12 岁，George 是 11 岁，John 是 13 岁。

```
names = ("Maria", "George", "John")
ages = (12, 11, 13)
```

您也可以通过混合不同类型的元素创建一个元组。在下面的例子中，元组 students 同时包含字符串和整数。

```
students = ("Maria", 12, "George", 11, "John", 13)
```

■ 24.6　如何从列表或元组中获取值

从列表或元组获取值不过是指向特定元素的问题。列表或元组的每个元素都可以使用唯一索引进行标识。以下代码片段创建一个列表并在屏幕上显示"A+"（不含双引号）。

```
grades = ["B+", "A+", "A", "C-"]
print(grades[1])
```

当然，您也可以使用变量或表达式而不是常量值作为索引。以下示例创建一个元组，并在屏幕上显示"Aphrodite and Hera"（不含双引号）。

```
gods = ("Zeus", "Ares", "Hera", "Aphrodite", "Hermes")
k = 3
print(gods[k], "and", gods[k - 1])
```

请记住！方括号 [ ] 用于创建列表，圆括号 ( ) 用于创建元组。

> **提示**
> 要想访问列表或元组中的元素，都必须使用方括号。

负索引通过从列表或元组的末尾开始计数访问元素。在列表 grades 中，每个元素的位置（使用负索引）如下：

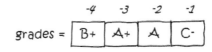

下面的例子：

```
grades = ["B+", "A+", "A", "C-"]
print(grades[-1] , "and", grades[-3])
```

在屏幕上显示"C- and A+"（不含双引号）。

如果要显示列表的所有元素，可以执行以下操作：

```
grades = ["B+", "A+", "A", "C-"]
print(grades)        #It displays: ['B+', 'A+', 'A', 'C-']
```

类似地，如果想要显示元组的所有元素，您可以执行以下操作：

```
names = ("George", "John", "Maria")
print(names)         #It displays: ('George', 'John', 'Maria')
```

请记住！在Python中，您可以使用单引号或双引号定义一个字符串。

就像对字符串所做的那样，我们可以获取列表或元组的一个子集，称为"切片"，如下所示：

```
grades = ["B+", "A+", "A", "C-"]

print(grades[1:3])         #It displays: ["A+", "A"]
```

提示

在 Python 中，切片是一种从列表或元组中（或者更一般地说，从序列中）选取某一范围内的元素的机制。

正如您已经知道的那样，切片机制还可以有第三个参数，称为 step（步长），如下所示：

```
grades = ["B+", "A+", "A", "C-", "A-", "B-", "C", "B", "C+"]
print(grades[1:7:2])                #It displays: ['A+', 'C-', 'B-']
```

步长为负值，则以逆序返回列表或元组：

```
gods = ("Ares", "Hera", "Aphrodite", "Hermes")
print(gods[::-1]) #It displays: ('Hermes', 'Aphrodite', 'Hera', 'Ares')
```

练习 24.6.1　判断显示内容

尝试确定下面的代码片段执行后列表 b 包含的值。

```
b = [None] * 3

b[2] = 9
x = 0
b[x] = b[2] + 4
b[x + 1] = b[0] + 5

print(b)
```

解答

该代码执行了以下步骤。

- 创建包含 3 个空元素的列表，如下所示：

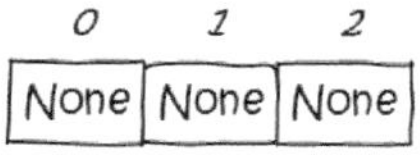

```
  0     1     2
┌─────┬─────┬─────┐
│None │None │None │
└─────┴─────┴─────┘
```

- 值 9 被赋给索引 2 处的元素。该列表现在看起来如下：

```
  0     1     2
┌─────┬─────┬─────┐
│None │None │  9  │
└─────┴─────┴─────┘
```

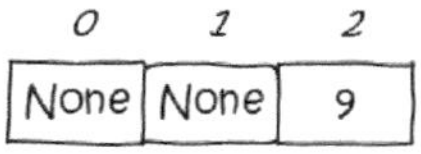

- 值 0 被赋给变量 x。
- 值 13 被赋给索引 0 处的元素。该列表现在看起来如下：

```
  0     1     2
┌─────┬─────┬─────┐
│ 13  │None │  9  │
└─────┴─────┴─────┘
```

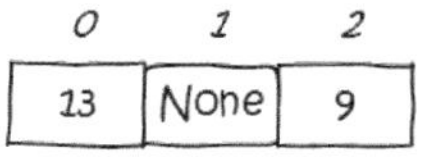

- 值 18 被赋给索引 1 处的元素。该列表最终看起来如下：

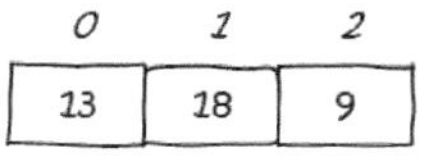

```
  0     1     2
┌─────┬─────┬─────┐
│ 13  │ 18  │  9  │
└─────┴─────┴─────┘
```

- 用户屏幕上显示 [13, 18, 9]。

练习 24.6.2 使用列表中不存在的索引

下面的 Python 程序中有什么错误？

```
grades = ["B+", "A+", "A", "C-"]
print(grades[100])
```

解答

显然，我们绝不可以引用一个不存在的列表元素。在本练习中，索引位置 100 处没有元素。如果您尝试执行此程序，Python 将显示一条错误消息，如图 24-1 所示。

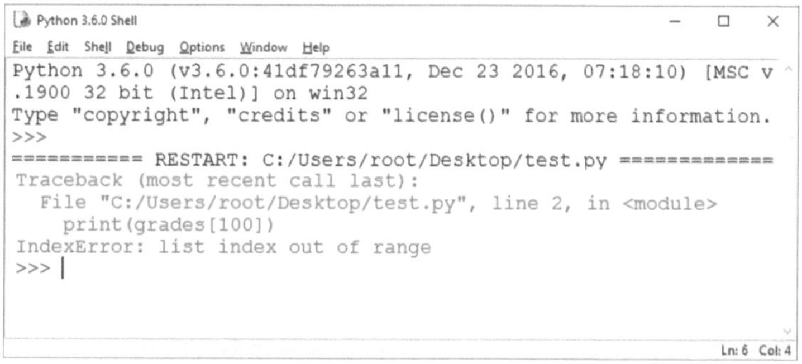

图 24-1　指示无效索引的错误消息

■ 24.7 如何更改列表元素的值

更改已有列表元素的值十分容易。我们只需使用适当的索引为该元素指定一个新值即可。下面的例子展示了这一操作：

```
#Create a list
indian_tribes = [ "Navajo", "Cherokee", "Sioux" ]
print(indian_tribes)  #It displays: ['Navajo', 'Cherokee', 'Sioux']

#Alter the value of an existing element
indian_tribes[1] = "Apache"
print(indian_tribes)  #It displays: ['Navajo', 'Apache', 'Sioux']
```

练习 24.7.1　发现错误

下面的 Python 程序中有什么错误？

```
names = ("George", "John", "Maria")
names[1] = "Johnathan"
print(names)
```

解答

在阅读下面的答案之前，您能自己发现错误吗？

还没发现错误？加油，您可以做得更好！

是的，您发现错误了！如前面所述，元组是不可变的，这意味着元组的值一旦创建就不能改变。由于 names 是一个元组（而不是一个列表），因此该代码的第二行在程序执行时必然会产生错误！

■ 24.8 如何遍历列表或元组

现在到了有趣的部分了。程序可以使用循环结构（通常是 for 结构）遍历列表或元组的元素。我们可以使用两种方法遍历列表。

第一种方法

此方法使用索引引用每个列表或元组元素。下面是一般形式的代码格式：

```
for index in range(size):
    process structure_name[index]
```

其中，process 是在每次迭代中处理列表或元组 structure_name 里的一个元素的任何 Python 语句或语句块。

下面的 Python 程序显示元组 gods 的所有元素，每次迭代显示一个元素。

```
gods = ("Zeus", "Ares", "Hera", "Aphrodite", "Hermes")
for i in range(5):
    print(gods[i])
```

提示

变量的名称是不受限制的。您可以使用任何希望的变量名称，例如 index、ind 或 j，等等。

提示

请注意尽管元组 gods 包含 5 个元素，但 for 结构必须从 0 到 4 而不是从 1 到 5 执行迭代。这是因为这 5 个元素对应的索引分别为 0、1、2、3 和 4。

由于列表是可变的，因此可以使用循环结构更改其全部或部分值。以下代码片段将列表 b 中某些元素的值加倍。

```
b = [80, 65, 60, 72, 30, 40]
for i in range(3):
    b[i] = b[i] * 2
```

第二种方法

这种方法非常简单，但不像之前的方法那样灵活。有些情况下无法使用，您过一会儿就会明白。以下是以一般形式编写的代码格式：

```
for element in structure_name:
    process element
```

其中，process 表示在每次迭代中处理列表或元组 structure_name 的一个元素的任何 Python 语句或语句块。

下面的 Python 程序显示列表 grades 的所有元素，每次迭代显示一个元素。

```
grades = ["B+", "A+", "A", "C-"]

for x in grades:
    print(x)
```

提示

在第一次迭代中，第一个元素的值被赋给变量 x。在第二次迭代中，第二个元素的值被赋给变量 x，以此类推。

下面的 Python 程序以逆序显示元素 gods 的所有元素，每次迭代显示一个元素。

```
gods = ("Hera", "Zeus", "Ares", "Aphrodite", "Hermes")
for god in gods[::-1]:
    print(god)
```

遗憾的是，这种方法不能用来改变列表元素的值。例如，如果要将列表 numbers 的所有元素的值加倍，我们不能像下面这样编写代码：

```
numbers = [5, 10, 3, 2]

for number in numbers:
    number *= 2
```

> **提示**
>
> number 是一个简单的变量，在每次迭代中，列表 numbers 的每个后继值被赋给 number。然而，相反的情况绝不会发生！ number 的值永远不会被赋回给任何元素！

请记住！如果希望更改列表中元素的值，您应该使用第一种方法。

练习 24.8.1　计算总和

编写一个 Python 程序，创建包含以下值的元组：

56、12、33、8、3、2、98

然后计算并显示它们的总和。

解答

您已经学会了两种遍历元组元素的方法。让我们使用两种方法并观察它们的不同之处。您将在下面看到额外的第三种方法，这是计算列表或元组元素总和的更 Python 化的方法。

第一种方法

解决方案如下：

```
                        file_24_8_1a

values = (56, 12, 33, 8, 3, 2, 98)

total = 0
for i in range(7):
    total = total + values[i]

print(total)
```

第二种方法

解决方案如下：

```
                        file_24_8_1b

values = (56, 12, 33, 8, 3, 2, 98)

total = 0
```

```
for value in values:
    total = total + value

print(total)
```

第三种方法

这种方法不使用循环结构，仅使用 math 模块中的 fsum() 函数。

file_24_8_1c

```
import math

values = (56, 12, 33, 8, 3, 2, 98)

total = math.fsum(values)

print(total)
```

> **提示**
>
> 如果您不记得 fsum() 函数，可再次阅读第 10.2 节。

■ 24.9 如何将用户输入的值添加到列表中

这其实没什么新鲜的。您也可以直接将值赋给特定的列表元素，而不是从键盘读取值并将该值赋给变量。下一个代码片段提示用户输入 3 个人的姓名，并将其赋给列表 names 中位于索引位置 0、1 和 2 的元素。

```
names = [None] * 3   #Pre-reserve 3 locations in main memory (RAM)

names[0] = input("Enter name No 1: ")
names[1] = input("Enter name No 2: ")
names[2] = input("Enter name No 3: ")
```

当然，您也可以使用 append() 方法达到同样的目的，如下面的代码片段所示。

```
names = []          #Create a totally empty list

names.append(input("Enter name No 1: "))
names.append(input("Enter name No 2: "))
names.append(input("Enter name No 3: "))
```

练习 24.9.1 逆序显示单词

编写一个 Python 程序，让用户输入 20 个单词，然后程序按输入顺序的相反顺序显示它们。

解答

列表非常适用于这样的问题。以下是一个适当的解决方案：

```
                    file_24_9_1a

words = [None] * 20

for i in range(20):
    words[i] = input()

for i in range(19, -1, -1):
    print(words[i])
```

请记住！由于索引编号从零开始，因此最后一个列表元素的索引比列表中元素的总数小1。

请记住，在 Python 中，可以通过使用切片机制以相反的顺序迭代列表元素，此时 step（步长）的值为 −1。以下程序创建一个完全为空的列表，然后使用 append() 方法将元素添加到列表中。最后，利用切片机制按照输入顺序的相反顺序显示它们。

```
                    file_24_9_1b

words = []
for i in range(20):
    words.append(input())

for word in words[::-1]:
    print(word)
```

提示

有时练习中的内容可能没有提及使用数据结构，但这并不意味着您不能使用它。只要您认为使用列表、元组和字典是必要的，就使用它们。

请记住！当使用append()方法时，元素被添加到列表中（添加在列表末尾）。

练习 24.9.2 逆序显示正数

编写一个 Python 程序，让用户输入 100 个数字，然后以输入顺序的相反顺序显示它们，仅显示正数。

解答

在本练习中，程序必须接收用户输入的所有值并将它们存储在列表中，但在负责显示列表元素的 for 结构中，嵌套的决策结构必须检查元素且仅显示正数。解决方案如下：

```
                    file_24_9_2

ELEMENTS = 100
```

```python
values = []
for i in range(ELEMENTS):
    values.append(float(input()))

for value in values[::-1]:
    if value > 0:
        print(value)
```

练习 24.9.3   求和

编写一个 Python 程序，提示用户输入 50 个数字到列表中，然后计算并显示它们的总和。

解答

解决方案如下：

---
file_24_9_3a

```python
ELEMENTS = 50

values = [None] * ELEMENTS
for i in range(ELEMENTS):
    values[i] = float(input("Enter a value: "))

total = 0
for i in range(ELEMENTS):
    total = total + values[i]

print(total)
```

如果您想知道这个练习是否可以只用一个 for 结构解决，答案是肯定的。解决方案如下所示。

---
file_24_9_3b

```python
ELEMENTS = 50

values = [None] * ELEMENTS

total = 0
for i in range(ELEMENTS):
    values[i] = float(input("Enter a value: "))
    total = total + values[i]

print(total)
```

然而，让我们澄清一些事情！尽管可以在一个 for 结构内部执行许多处理过程，但在单独的 for 结构中执行每个单独的处理过程更简单。这可能不是那么高效，但因为您还是一个新手程序员，所以目前尝试采用这种编程风格。以后当您有了经验成为一名 Python 专家时，您将可以在一个 for 结构中"合并"许多处理过程！

现在，让我们看一个更 Python 化的解决方法，即使用 fsum() 函数。

file_24_9_3c

```
import math
ELEMENTS = 50

values = []
for i in range(ELEMENTS):
    values.append(float(input("Enter a value: ")))

total = math.fsum(values)

print(total)
```

练习 24.9.4　计算平均值

编写一个 Python 程序，提示用户输入 20 个数字到列表中，只有当它们的平均值小于 10 时才显示一条消息。

解答

要计算给定数字的平均值，程序必须首先计算它们的总和，然后将该总和除以 20。就像前面的练习中一样，要计算总和，可以将给出的数字累加到变量 total 中，或者您也可以使用 fsum() 函数。一旦计算出平均值，程序必须判断是否显示相应的消息。

第一种方法

file_24_9_4a

```
ELEMENTS = 20

values = []
for i in range(ELEMENTS):
    values.append(float(input("Enter a value: ")))

#Accumulate values in total
total = 0
for i in range(ELEMENTS):
    total = total + values[i]

average = total / ELEMENTS

if average < 10:
    print("Average value is less than 10")
```

第二种方法

file_24_9_4b

```
import math
ELEMENTS = 20

values = []
```

```
for i in range(ELEMENTS):
    values.append(float(input("Enter a value: ")))

if math.fsum(values) / ELEMENTS < 10:
    print("Average value is less than 10")
```

练习 24.9.5　显示实数

编写一个 Python 程序，提示用户输入 10 个数值到列表中，然后显示值为实数的元素索引。

解答

要检查数字是否为实数（浮点数），可以使用布尔表达式：

```
element != int(element)
```

函数 int() 返回实数的整数部分。所以，当 element 为实数时，如值 7.5，该布尔表达式的计算结果为 True。另一方面，当 element 为整数时，例如值为 3，布尔表达式的计算结果为 False。解决方案如下：

file_24_9_5

```
ELEMENTS = 10

b = []
for i in range(ELEMENTS):
    b.append(float(input("Enter a value for element " + str(i) + ": ")))

for i in range(ELEMENTS):
    if b[i] != int(b[i]):
        print("A real found at index:", i)
```

练习 24.9.6　显示奇数索引

编写一个 Python 程序，提示用户输入 8 个数值到列表中，然后显示具有奇数索引（即索引为 1、3、5 和 7）的元素。

解答

要显示具有奇数索引的元素，您需要使用从 1 开始并以 2 为增量的 for 结构。Python 程序如下所示：

file_24_9_6a

```
ELEMENTS = 8

values = []
for i in range(ELEMENTS):
    values.append(float(input("Enter a value for element " + str(i) + ": ")))
```

```
#Display the elements with odd-numbered indexes
for i in range(1, ELEMENTS, 2):     #Start from 1 and increment by 2
    print(values[i])
```

如前面所述，在 Python 中，您可以使用切片机制遍历列表元素。在下面的程序中，切片机制用于仅显示具有奇数索引的元素。

file_24_9_6b

```
ELEMENTS = 8

values = []
for i in range(ELEMENTS):
    values.append(float(input("Enter a value for element " + str(i) + ": ")))

#Display the elements with odd-numbered indexes
for value in values[1:ELEMENTS:2]:  #Start from 1 and increment by 2
    print(value)
```

■ 24.10 什么是字典

字典与列表或元组之间的主要区别在于字典元素可以使用键进行唯一标识。键不需要一定是整数值。字典中的每个键都与一个元素相关联（或映射，如果您喜欢这么说的话）。字典的键必须是不可变的数据类型（例如字符串、整数、浮点数或元组）。

以下例子展示了一个包含家庭成员名字的字典。字典的名称是 family，相应的键被写在每个元素的上方。

提示

字典元素的键在字典中必须是唯一的。这意味着在字典 family 中，不能存在两个名为 Father 的键。

■ 24.11 在 Python 中创建字典

让我们尝试使用最常见的方法创建以下字典：

提示

字典元素的值可以是任何类型。

	first_name	last_name	age	Class
student =	Ann	Fox	8	2nd

第一种方法

要创建一个字典并为其元素直接赋值，可以使用以下一般形式的 Python 语句：

dict_name = {*key0*: *value0*, *key1*: *value1*, *key2*: *value2*, …, *keyM*: *valueM* }

利用这种方法，可以使用以下语句创建字典 student：

```
student = {"first_name": "Ann", "last_name": "Fox", "age": 8, "class": "2nd"}
```

第二种方法

在这种方法中，您可以创建一个完全为空的字典，然后添加元素（键值对），如以下一般形式的 Python 语句：

> **提示**
> 每对键和值都用冒号分开，元素用逗号分隔，所有内容都括在大括号内 { }。

```
dict_name = {}

dict_name[key0] = value0
dict_name[key1] = value1
dict_name[key2] = value2
…
dict_name[keyM] = valueM
```

利用这种方法，可以通过以下代码片段创建字典 student：

```
student = {}

student["first_name"] = "Ann"
student["last_name"] = "Fox"
student["age"] = 8
student["class"] = "2nd"
```

■ 24.12　如何从字典中获取值

要获取指定字典元素的值，必须使用相应的键指向该元素。下面的代码片段创建了一个字典，然后在屏幕上显示"Ares is the God of War"（不含双引号）。

```
olympians = {"Zeus": "King of the Gods", \
             "Hera": "Goddess of Marriage", \
             "Ares": "God of War", \
             "Poseidon": "God of the Sea", \
             "Demeter": "Goddess of the Harvest", \
             "Artemis": "Goddess of the Hunt", \
             "Apollo": "God of Music and Medicine", \
             "Aphrodite": "Goddess of Love and Beauty", \
             "Hermes": "Messenger of the Gods", \
             "Athena": "Goddess of Wisdom", \
```

```
                  "Hephaistos": "God of Fire and the Forge", \
                  "Dionysus": "God of the Wine" \
                  }

print("Ares is the", olympians["Ares"])
```

提示

在 Python 中，您可以在每行（最后一行除外）末尾使用反斜杠字符将长行分隔成多行。

提示

只有键可以用来访问一个元素。这意味着 olympians ["Ares"] 可以正确地返回 "God of War"，但 olympians["God of War"] 不能返回 "Ares"。

练习 24.12.1 使用字典中不存在的键

下面的 Python 程序中存在什么错误？

```
family = {"Father": "John", "Mother": "Maria", "Son": "George"}
print(family["daughter"])
```
解答

与列表和元组类似，您绝不能引用不存在的字典元素。在这个练习中，没有名为 "daughter" 的键，因此第二条语句会产生错误！

■ 24.13 如何更改字典元素的值

要想更改已有字典元素的值，我们需要使用适当的键为元素指定一个新值。下面的例子显示了这一操作。

```
#Create a dictionary
tribes = {"Indian": "Navajo", "African": "Zulu"}
print(tribes) #It displays: {'Indian': 'Navajo', 'African': 'Zulu'}

#Alter the value of an existing element
tribes["Indian"] = "Apache"
print(tribes) #It displays: {'Indian': 'Apache', 'African': 'Zulu'}
```

练习 24.13.1 为不存在的键赋一个元素值

下面的 Python 程序中存在错误吗？

```
indian_tribes = {0: "Navajo", 1: "Cherokee", 2: "Sioux"}
indian_tribes[3] = "Apache"
```

解答

不，这一次这段代码片段中绝对没有错。乍一看，您可能会认为第二条语句试图更改一个不存在的键的元素值，从而产生错误。然而，Python 的字典并非如此。由于 indian_tribes 是一个字典，不存在键"3"，第二条语句为字典添加了全新的第四个元素！

> **提示**
> 字典的键可以是任何不可变的数据类型，包括整数。

请记住，如果 indian_tribes 是一个列表，那么第二条语句肯定会产生错误。请看下面的代码片段。

```
indian_tribes_list = ["Navajo", "Cherokee", "Sioux"]
indian_tribes_list[3] = "Apache"
```

在这个例子中，indian_tribes_list 是一个列表且索引 3 不存在，第二条语句试图修改一个不存在的元素的值，这显然会产生错误！

■ 24.14　如何遍历字典

您可以使用一个 for 结构遍历字典元素。实际上存在两种方法。让我们来学习这两种方法吧！

第一种方法

下面给出一般形式的代码片段：

```
for key in structure_name:
    process structure_name[key]
```

其中，process 是在每次迭代中处理字典 structure_name 的一个元素的任何 Python 语句或语句块。

下面的 Python 程序显示字母 A、B、C 和 D，以及它们对应的 Morse[1] 代码。

```
morse_code = {"A": ".-", "B": "-...", "C": "-.-.", "D": "-.."}

for letter in morse_code:
    print(letter, morse_code[letter])
```

下面的例子给计算机软件公司的每位员工发 2000 美元奖金！

---

[1]　Samuel Finley Breese Morse(1791—1872) 是一位美国画家和发明家。Morse 发明了一种单线电报系统，他是 Morse 电码的共同开发者。

```
salaries = { "Project Manager": 83000,\
             "Software Engineer": 81000,\
             "Network Engineer": 64000,\
             "Systems Administrator": 61000,\
             "Software Developer": 70000
           }
for title in salaries:
    salaries[title] += 2000
```

第二种方法

下面给出一般形式的代码片段：

```
for key, value in structure_name.items():
    process key, value
```

其中，process 是在每次迭代中处理字典 structure_name 的一个元素的任何 Python 语句或语句块。

以下 Python 程序显示字典 grades 的所有元素，每次迭代一个元素。

```
grades = {"John": "B+", "George": "A+", "Maria":"A", "Helen": "A-"}

for name, grade in grades.items():
    print(name, "got", grade)
```

遗憾的是，这种方法不能用来改变字典元素的值。例如，如果要将字典 salaries 的所有元素的值加倍，您不能像下面这样编写代码：

```
salaries = { "Project Manager": 83000, \
             "Software Engineer": 81000, \
             "Network Engineer": 64000, \
             "Systems Administrator": 61000, \
             "Software Developer": 70000
           }

for title, salary in salaries.items():
    salary *= 2000
```

> **提示**
>
> salary 是一个简单的变量，在每次迭代中，字典 salaries 的后继值都被赋给它。然而，相反的情况绝不会发生！ salary 的值永远不会被赋回给任何元素！

请记住！如果您希望更改字典元素的值，您应该使用第一种方法。

■ 24.15　有用的语句、函数和方法

从列表中删除元素

```
del list_name[index]
```

del 语句用于从列表中删除一个元素（在给定其索引时），或从列表中删除部分元素，或清空整个列表。

例

file_24_15a

```
a = [3, 60, 15]
print(a[1])                     #It displays: 60
del a[1]
print(a)                        #It displays: [3, 15]
print(a[1])                     #It displays: 15

b = [5, 2, 10, 12, 23, 6]
del b[2:5]
print(b)                        #It displays: [5, 2, 6]

#Clear the list
del b[:]
print(b)                        #It displays: []
```

从字典中删除元素

```
del dict_name[key]
```

del 语句也可以用来从字典中删除一个给定的键的元素。

例

file_24_15b

```
fruits = {"O": "Orange", "A": "Apple", "W": "Watermelon"}

del fruits["A"]

print(fruits)   #It displays: {'O': 'Orange', 'W': 'Watermelon'}
```

对元素进行计数

```
len(structure_name)
```

您已经学过这个函数！在第 11.4 节中，您了解到 len() 函数可以返回字符串中的字符数。现在您应该明白，函数 len() 可以返回任何数据结构（如列表、元组甚至字典）的元素数量。

例

file_24_15c

```
a = [3, 6, 10, 12, 4, 2, 1]

print(len(a))                   #It displays: 7
```

```
length = len(a[2:4])
print(length)                    #It displays: 2

for i in range(len(a)):
    print(a[i], end = " ")       #It displays: 3  6  10  12  4  2  1
```

计算最大值

max(*structure_name*)

该函数返回列表或元组的最大值。用在字典上时，它返回最大的键值。

例

file_24_15d

```
a = [3, 6, 10, 2, 1, 12, 4]

print(max(a))                    #It displays: 12

maximum = max(a[1:4])
print(maximum)                   #It displays: 10

c = ("Apollo", "Hermes", "Athena", "Aphrodite", "Dionysus")
print(max(c))                    #It displays: Hermes
```

计算最小值

min(*structure_name*)

该函数返回列表或元组的最小值。用在字典上时，它返回最小的键值。

例

file_24_15e

```
a = [3, 6, 10, 2, 1, 12, 4]

print(min(a))                    #It displays: 1

minimum = min(a[1:4])
print(minimum)                   #It displays: 2

c = ("Apollo", "Hermes", "Athena", "Aphrodite", "Dionysus")
print(min(c))                    #It displays: Aphrodite
```

为列表排序

排序是将列表元素按某种顺序进行排列的过程。在这里您有两个选择：可以使用 sort() 方法对列表进行排序，也可以使用 sorted() 函数根据初始列表得到一个新的排序列表，同时不改变初始列表。

使用 sort() 方法

list_name.sort([reverse = True])

此方法按升序或降序对列表进行排序。

例

file_24_15f

```
a = [3, 6, 10, 2, 1, 12, 4]
a.sort()
print(a)    #It displays: [1  2  3  4  6  10  12]

#sort in reverse order
a.sort(reverse = True)
print(a)    #It displays: [12  10  6  4  3  2  1]

c = ["Hermes", "Apollo", "Dionysus"]
c.sort()
print(c)    #It displays: [Apollo  Dionysus  Hermes]
```

使用 sorted() 函数

```
sorted(structure_name [, reverse = True])
```

该函数以升序或降序的方式返回一个新的排序列
表或元组，保持初始结构不变。

例

> **提示**
> sort() 方法不适用于不可变
> 的数据类型，如元组。

file_24_15g

```
a = [3, 6, 10, 2, 1, 12, 4]
b = sorted(a)

print(a)    #It displays: [3, 6, 10, 2, 1, 12, 4]
print(b)    #It displays: [1  2  3  4  6  10  12]

#sorted() function can be used with tuples as well
c = ("Hermes", "Apollo", "Dionysus")
d = sorted(c, reverse = True)
for element in d:
    print(element, end = "  ")    #It displays: Hermes Dionysus Apollo

#sorted() function can be used directly in a for statement
for element in sorted(c):
    print(element, end = "  ")    #It displays: Apollo Dionysus Hermes
```

■ 24.16 复习题：判断对错

判断以下语句的真假。

1. 列表和元组是可以保存多个值的结构。

2. 列表元素保存在主存（RAM）中。

3. 每个元组元素都有一个唯一的索引。

4. 字典里可以有两个相同的键。

5. 在元组中，索引编号在默认情况下总是从 0 开始。

6. 最后一个元组元素的索引等于该元祖元素的总数。

7. 下面的语句包含语法错误。

```
student names = [None] * 10
```

8. 在一个 Python 程序中，两个列表不能有相同的名称。

9. 下面的语句在语法上是正确的。

```
student = {"first_name": "Ann" - "last_name": "Fox" - "age": 8}
```

10. 在 Python 程序中，两个元组不能有相同数量的元素。

11. 不能使用变量作为列表的索引。

12. 您可以使用数学表达式作为元组的索引。

13. 不能使用变量作为字典的键。

14. 下面的代码片段不会产生任何错误。

```
a = "a"
fruits = {"o": "Orange", "a": "Apple", "w": "Watermelon"}
print(fruits[a])
```

15. 为了计算用户给出的 20 个数值的和，您必须使用一个列表。

16. 您可以使用语句 b[k] = input() 让用户输入一个值到列表 b 中。

17. 下面的语句创建了具有两个空元素的列表。

```
names = [None] * 3
```

18. 下面的代码片段将值 10 赋给索引位置 7 的列表元素。

```
values[5] = 7
values[values[5]] = 10
```

19. 下面的代码片段将不含双引号的值 "Sally" 赋给索引位置 3 的列表元素。

```
names = [None] * 3
names[2] = "John"
names[1] = "George"
names[0] = "Sally"
```

20. 以下语句将不含双引号的值 "Sally" 赋给索引位置 2 的列表元素。

```
names = ["John", "George", "Sally"]
```

21. 以下代码片段在屏幕上显示不带双引号的 "Sally"。

```
names = [None] * 3
k = 0
names[k] = "John"
k += 1
```

```
names[k] = "George"
k += 1
names[k] = "Sally"
k -= 1
print(names[k])
```

22. 以下代码片段在语法上是正确的。

```
names = [None] * 3
names[0] = "John"
names[1] = "George"
names[2] = "Sally"
print(names[])
```

23. 以下代码片段在屏幕上显示不含双引号的"Maria"。

```
names = ("John", "George", "Sally", "Maria")
print(names[int(3.5)])
```

24. 以下代码片段不会产生错误。

```
grades = ("B+", "A+", "A")
print(grades[3])
```

25. 以下代码片段不会产生错误。

```
values = (1, 3, 2, 9)
print(values[values[0]])
```

26. 以下代码片段在屏幕上显示值1。

```
values = [1, 3, 2, 0]
print(values[values[values[values[0]]]])
```

27. 以下代码片段显示元组names的所有元素。

```
names = ("John", "George", "Sally", "Maria")
for i in range(1, 5):
    print(names[i])
```

28. 以下代码片段不会产生错误。

```
names = ["John", "George", "Sally", "Maria"]
for i in range(2, 5):
    print(names[i])
```

29. 以下代码片段允许用户输入100个值到列表b中。

```
for i in range(100):
    b[i] = input()
```

30. 如果列表b包含30个元素，则以下代码片段将其所有元素的值加倍。

```
for i in range(29, -1, -1):
    b[i] = b[i] * 2
```

31. 可以使用for结构使元组中某些元素的值加倍。

32. 如果列表b包含30个元素，则以下代码片段将显示所有元素。

```
for element in b[0:29]:
    print(element)
```

33. 如果 b 是字典，则下面的代码片段显示其所有元素。

```
for key, element in b:
    print(element)
```

34. 以下两个代码片段显示相同的值。

```
a = [1, 6, 12, 2, 1]          a = "Hello"
print(len(a))                 print(len(a))
```

35. 以下代码片段显示 3 个值。

```
a = [10, 20, 30, 40, 50]
for i in range(3, len(a)):
    print(a[i])
```

36. 以下代码片段显示列表 b 中所有元素的值。

```
b = [10, 20, 30, 40, 50]
for i in range(len(b)):
    print(i)
```

37. 下面的代码片段将列表 b 的所有元素的值加倍。

```
for i in range(len(b)):
    b[i] *= 2
```

38. 下面的代码片段在屏幕上显示值 30。

```
a = [20, 50, 10, 30, 15]
print(max(a[2:len(a)]))
```

39. 下面的代码片段在屏幕上显示值 50。

```
a = [20, 50, 10, 30, 15]
b = [-1, -3, -2, -4, -1]
print(a[min(b)])
```

40. 下面的代码片段显示列表 b 的最小值。

```
b = [3, 6, 10, 2, 1, 12, 4]
b.sort()
print(b[0])
```

41. 下面的代码片段显示列表 b 的最小值。

```
b = [3, 1, 2, 10, 4, 12, 6]
print(sorted(b, reverse = True)[-1])
```

42. 以下代码片段会产生错误。

```
b = (3, 1, 2)
print(sorted(b))
```

43. 以下代码片段会产生错误。

```
b = (3, 1, 2)
b.sort()
print(b)
```

44. 以下代码片段会产生错误。

```
b = (3, 1, 2)
del b[1]
print(b)
```

45. 以下代码片段会产生错误。

```
fruits = {"O": "Orange", "A": "Apple", "W": "Watermelon"}
del fruits["Orange"]
print(fruits)
```

■ 24.17 复习题：选择题

选择正确的答案。

1. 下面的语句

last names = [None] * 5，_____。

a. 包含逻辑错误

b. 包含语法错误

c. 包含两个语法错误

d. 包含 3 个语法错误

2. 如果变量 x 值为 4，则以下语句

values[x + 1] = 5，表示_____。

a. 将值 4 赋给列表中索引为 5 的元素

b. 将值 5 赋给列表中索引为 4 的元素

c. 将值 5 赋给列表中索引为 5 的元素

d. 以上都不是

3. 下面的语句

values = [5, 6, 9, 1, 1, 1]，表示_____。

a. 将值 5 赋给索引为 1 的元素

b. 将值 5 赋给索引为 0 的元素

c. 会产生错误

d. 以上都不是

4. 下面的代码片段，表示_____。

```
values[0] = 1
values[values[0]] = 2
values[values[1]] = 3
values[values[2]] = 4
```

a. 将值 4 赋给列表中索引为 3 的元素

b. 将值 3 赋给列表中索引为 2 的元素

c. 将值 2 赋给列表中索引为 1 的元素

d. 以上都是

e. 以上都不是

5. **您可以使用 for 结构遍历列表，使用_____。**

a. 变量 i 作为计数器

b. 变量 j 作为计数器

c. 变量 k 作为计数器

d. 任何变量名都可作为计数器

6. **下面的代码片段，表示_____。**

```python
names = ("George", "John", "Maria", "Sally")
for i in range(3, 0, -1):
    print(names[i])
```

a. 按升序显示所有名字

b. 按升序显示一些名字

c. 按降序显示所有名字

d. 按降序显示一些名字

e. 以上都不是

7. **如果元组 b 包含 30 个元素，下面的代码片段表示_____。**

```python
for i in range(29, 0, -1):
    b[i] = b[i] * 2
```

a. 将其中一些元素的值加倍

b. 将所有元素的值加倍

c. 以上都不是

8. **下面的代码片段，表示_____。**

```python
struct = {"first_name": "George", "last_name": "Miles", "age": 28}
for a, b in struct.items():
    print(b)
```

a. 显示字典元素的所有键

b. 显示字典元素的所有值

c. 显示字典元素的所有键值对

d. 以上都不是

9. **下面的代码片段，表示_____。**

```python
indian_tribes = {0: "Navajo", 1: "Cherokee", 2: "Sioux", 3: "Apache"}

for i in range(4):
```

```
    print(indian_tribes[i])
```

a. 显示字典元素的所有键

b. 显示字典元素的所有值

c. 显示字典元素的所有键值对

d. 以上都不是

10. 下面的代码片段，表示_____。

```
tribes = {"tribeA": "Navajo", "tribeB": "Cherokee", "tribeC": "Sioux"}

for x in tribes:
    tribes[x] = tribes[x].upper()

print(tribes)
```

a. 将字典元素的所有键转换为大写

b. 将字典元素的所有值转换为大写

c. 将字典元素的所有键值对转换为大写

d. 以上都不是

11. 下面的代码片段，表示_____。

```
struct = {"first_name": "George", "last_name": "Miles", "age": 28}
for x in struct:
    print(x)
```

a. 显示字典元素的所有键

b. 显示字典元素的所有值

c. 显示字典元素的所有键值对

d. 以上都不是

12. 下面两个代码片段，_____。

```
a = [3, 6, 10, 2, 4, 12, 1]          a = (3, 6, 10, 2, 4, 12, 1)
for i in range(7):                   for i in range(len(a)):
    print(a[i])                          print(a[i])
```

a. 产生相同的结果

b. 不会产生相同的结果

c. 以上都不是

13. 下面两个代码片段，_____。

```
a = [3, 6, 10, 2, 4, 12, 1]          a = [3, 6, 10, 2, 4, 12, 1]
for i in range(len(a)):              for element in a:
    print(a[i])                          print(element)
```

a. 产生相同的结果

b. 不会产生相同的结果

c. 以上都不是

14. 语句 min(a[1:len(a)]) _____。

a. 返回列表 a 的一部分元素中的最小值

b. 返回列表 a 中的最小值

c. 以上都不是

15. 下面的代码片段，表示_____。

```
a = [3, 6, 10, 1, 4, 12, 2]
print(a[-min(a)])
```

a. 在屏幕上显示值 1

b. 在屏幕上显示值 6

c. 在屏幕上显示值 2

d. 以上都不是

16. 下面两个代码片段，表示_____。

```
a = (3, 6, 10, 2, 4, 12, 1)          a = (3, 6, 10, 2, 4, 12, 1)
for i in range(len(a)):              for element in sorted(a):
    print(sorted(a)[i])                  print(element)
```

a. 产生相同的结果

b. 不会产生相同的结果

c. 以上都不是

17. 下面 3 个代码片段，表示_____。

```
b.sort(reverse = True)       print(sorted(b)[-1])       print(max(b))
print(b[0])
```

a. 在屏幕上显示列表 b 中的最大值

b. 在屏幕上显示列表 b 中的最小值

c. 以上都不是

■ 24.18 巩固练习

完成以下练习：

1. 设计一个数据结构，用于保存 5 个人的体重（以磅为单位），然后向结构中添加一些典型值。

2. 设计必要的数据结构，用于保存 7 个人的名字和体重（以磅为单位），然后向结构中添加一些典型值。

3. 设计必要的数据结构，用于保存 8 个湖泊的名称，以及每个湖泊的平均面积（平方英里）和最大深度（英尺），然后向结构中添加一些典型值。

4．设计必要的数据结构，用于保存 5 个湖泊的名称以及在 6 月、7 月和 8 月中每个湖泊的平均面积（平方英里），然后向结构中添加一些典型值。

5．设计必要的数据结构，用于保存 10 个盒子的三维尺寸（宽度、高度和深度，以英寸为单位），然后向数据结构中添加一些典型值。

6．尝试确定在执行以下代码片段后列表 b 包含的值。

```python
b = [None] * 3
b[2] = 1
x = 0
b[x + b[2]] = 4
b[x] = b[x + 1] * 4
```

7．尝试确定在执行以下代码片段后列表 b 包含的值。

```python
b = [None] * 5
b[1] = 5
x = 0
b[x] = 4
b[b[0]] = b[x + 1] * 2
b[b[0] - 2] = 10
x += 2
b[x + 1] = b[x] + 9
```

8．尝试确定在执行以下代码片段后列表 b 包含的值。

```python
b = [17, 12, 45, 12, 12, 49]

for i in range(6):
    if b[i] == 12:
        b[i] -= 1
    else:
        b[i] += 1
```

9．尝试确定在执行以下代码片段后列表 b 包含的值。

```python
b = [10, 15, 12, 23, 22, 19]

for i in range(1, 5):
    b[i] = b[i + 1] + b[i - 1]
```

10．尝试确定在执行以下代码片段时显示的值。

```python
tribes = {"Indian-1": "Navajo", "Indian-2": "Cherokee", \
          "Indian-3" : "Sioux", "African-1": "Zulu", \
          "African-2": "Maasai", "African-3": "Yoruba"}

for x, y in tribes.items():
    if x[:6] == "Indian":
        print(y)
```

11．编写一个 Python 程序，提示用户输入 100 个数字到一个列表中，然后显示这些值的 3 次方。

12. 编写一个 Python 程序，提示用户输入 80 个数字到列表中，然后程序必须将列表值变成其 2 次方，最后按与输入相反的顺序显示它们。

13. 编写一个 Python 程序，提示用户输入 50 个整数到一个列表中，然后显示等于或大于 10 的整数。

14. 编写一个 Python 程序，提示用户输入 30 个数字到一个列表中，然后计算并显示正数的和。

15. 编写一个 Python 程序，提示用户输入 50 个整数到一个列表中，然后计算并显示有两位数字的整数的和。

提示：所有两位数的整数都在 10 ~ 99 之间。

16. 编写一个 Python 程序，提示用户输入 40 个数字到列表中，然后计算并显示正数的和和负数的和。

17. 编写一个 Python 程序，提示用户输入 20 个数字到一个列表中，然后计算并显示它们的平均值。

18. 编写一个 Python 程序，提示用户输入 50 个整数到列表中，然后显示元素值小于 20 的索引。

19. 编写一个 Python 程序，提示用户输入 60 个数值到列表中，然后显示索引为偶数（即 0、2、4、6 等）的元素。

20. 编写一个 Python 程序，提示用户输入 20 个数到列表中，然后计算并显示索引为偶数的元素的和。

21. 用 Python 编写代码片段，创建以下包含 100 个元素的列表。

$$a = \boxed{1}\ \boxed{2}\ \boxed{3}\ \boxed{...}\ \boxed{100}$$

22. 用 Python 编写代码片段，创建包含下列 100 个元素的列表。

$$a = \boxed{2}\ \boxed{4}\ \boxed{6}\ \boxed{...}\ \boxed{200}$$

23. 编写一个 Python 程序，提示用户输入整数 N，然后创建并显示如下 N 个元素的列表。假设用户输入的整数大于 1。

$$a = \boxed{1}\ \boxed{4}\ \boxed{9}\ \boxed{...}\ \boxed{N^2}$$

24. 编写一个 Python 程序，提示用户输入 10 个数到一个列表中，然后显示具有整数值的元素的索引。

25. 编写一个 Python 程序，提示用户输入 50 个数到一个列表中，然后计数并显示值为负数的元素的总数目。

26. 编写一个 Python 程序，提示用户输入 20 个单词到列表中，然后显示少于 5 个字符的单词。

提示：使用 len() 函数。

27. 编写一个 Python 程序，让用户输入 30 个单词到列表中，然后显示少于 5 个字符的单词，接下来显示少于 10 个字符的单词，最后显示少于 20 个字符的单词。假设用户只输入少于 20 个字符的单词。

提示：尝试使用两个 for 结构显示单词，一个嵌套在另一个内部。

28. 编写一个 Python 程序，提示用户输入 40 个单词，然后显示至少包含两个"w"字母的单词。

■ 24.19　复习题

回答以下问题：

1. 有什么限制是变量有而数据结构没有的？
2. Python 中的列表是什么？
3. Python 中的元组是什么？
4. Python 中的字典是什么？
5. 数据结构中的每个项叫做什么？
6. 在一个含有 100 个元素的列表中，最后一个元素的索引是多少？
7. 说出 Python 支持的 6 种数据结构。
8. 当一条语句试图显示不存在的元组元素值时会发生什么？
9. 当一条语句试图给一个不存在的列表元素赋值时会发生什么？
10. 当一条语句试图给一个不存在的字典元素赋值时会发生什么？

扫码看视频

除了可以利用append()方法在列表末尾添加
元素外，还可以：
● 使用insert()方法向列表指定位置插入
● 使用extend()方法在列表末尾一次性
　一个列表中的多个元素。

第 25 章 数据结构专项练习

■ 25.1 数据结构简单练习

练习 25.1.1 创建包含最大值的列表

编写一个 Python 程序，让用户输入数值到列表 a 和 b 中，每个列表容纳 20 个元素。然后该程序必须创建一个包含 20 个元素的新列表 new_arr。新列表的每个元素位置必须包含列表 a 和 b 中相应位置上的最大值。

解答

这个题目没什么新鲜的！您需要两个 for 结构为列表 a 和 b 设置元素值，一个 for 结构用于创建列表 new_arr，另一个 for 结构用于在屏幕上显示列表 new_arr 的元素。Python 程序如下：

file_25_1_1

```python
ELEMENTS = 20

#Read lists a and b
a = [None] * ELEMENTS
b = [None] * ELEMENTS
for i in range(ELEMENTS):
    a[i] = float(input())
for i in range(ELEMENTS):
    b[i] = float(input())

#Create list new_arr
new_arr = [None] * ELEMENTS
for i in range(ELEMENTS):
    if a[i] > b[i]:
        new_arr[i] = a[i]
    else:
        new_arr[i] = b[i]

#Display list new_arr
for element in new_arr:
    print(element)
```

练习 25.1.2 哪一天可能会下雪？

编写一个 Python 程序，让用户输入 1 月份 31 天中每天中午 12:00 记录的温度（用华氏度表示）。然后，该 Python 程序必须显示有可能下雪的日期（1、2、…、31），即温度低于 36°F（约 2℃）的日期。

解答

这个练习的列表如下：

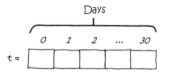

Python 程序如下：

```
                           file_25_1_2
```

```python
DAYS = 31

t = [None] * DAYS

for i in range(DAYS):
    t[i] = int(input())

for i in range(DAYS):
    if t[i] < 36:
        print(i + 1, end = "\t")
```

练习 25.1.3　有没有可能下雪？

编写一个 Python 程序，让用户输入 1 月份 31 天中每天中午 12:00 记录的温度（用华氏度表示）。 然后，该 Python 程序必须显示一条消息，指出 1 月份是否有可能下雪，也就是说，是否有哪一天的温度低于 36℉（约2℃）。

解答

下面的代码片段是不正确的。您不能像前一个练习那样编写代码。

```python
for i in range(DAYS):
    if t[i] < 36:
        print("There was a possibility of snow in January!")
```

如果一月份温度低于 36℉ 的天数不止一天，同一消息将会显示多次，显然您不希望出现这样的结果！ 无论 1 月份 36℉ 以下的天数有一天、两天甚至更多天，我们其实都希望只显示消息一次。

实际上有两种方法，我们分别进行研究。

第一种方法——计算所有低于36℉ 的天数

使用这种方法，我们可以在程序中使用变量对温度低于 36 ℉ 的天进行计数。在检查所有天后，程序可以检查这个变量的值。如果该值不为 0，则意味着至少有一天有可能会下雪。

```
                           file_25_1_3a
```

```python
DAYS = 31

t = [None] * DAYS
```

```
for i in range(DAYS):
    t[i] = int(input())

count = 0
for i in range(DAYS):
    if t[i] < 36:
        count += 1

if count != 0:
    print("There was a possibility of snow in January!")
```

第二种方法——使用信号旗（标识）

在这种方法中，您可以使用一个布尔变量（信号旗），而不是对温度低于 36 ℉的天进行计数。
以下展示了解决方案：

file_25_1_3b

```
DAYS = 31

t = [None] * DAYS

for i in range(DAYS):
    t[i] = int(input())

found = False
for i in range(DAYS):
    if t[i] < 36:
        found = True

if found == True:
    print("There was a possibility of snow in January!")
```

提示

将变量 found 想象成一个真正的信号旗。最初，这个信号旗没有被升起来
（found = False）。然而，在 for 结构中，当一个温度值低于 36℉ 时，信号旗
就会被升起来（值 True 被赋给变量 found），且该信号旗永远不会再降下来。

提示

如果循环执行完所有迭代还没有发现哪天温度低于 36 ℉，则变量 found 依
旧为其初始值（False），因为执行流从未进入决策结构内部。

25.2 如何在程序中使用多个数据结构

到目前为止，每个示例或练习只使用了一个列表或一个元组或一个字典。但是，如果一个问题需要使用两个列表，或者一个列表和一个元组，或者一个列表和两个字典，情况如何？接下来，您将看到一些练习，它们向您展示如何使用多种数据结构解决特定的问题。

练习 25.2.1 计算平均值

有 20 名学生，每名学生都有三门课的成绩。编写一个 Python 程序，提示用户输入每一名学生的姓名及其所有课程的成绩，然后计算并显示所有平均成绩超过 89 分的学生的姓名。

解答

所需的列表如下：

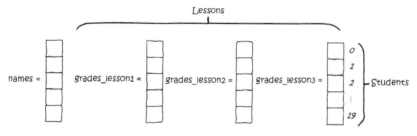

正如您所看到的，列表 names 的元素的索引位置与列表 grades_lesson1、grades_lesson2 和 grades_lesson3 的索引位置之间存在一一对应关系。假设这 20 名学生中的第一个学生是 George，他的 3 门课程的分数是 90、95 和 92。姓名 "George" 将保存在列表 names 的索引位置 0 处，在列表 grades_lesson1、grades_lesson2 和 grades_lesson3 的相同的索引位置，保存他的 3 门课程的分数。相应地，下一名学生和分数将被保存在列表 names、grades_lesson1、grades_lesson2 和 grades_lesson3 的索引位置 1 处，以此类推。

Python 程序如下所示：

```
                         file_25_2_1

STUDENTS = 20

names = [None] * STUDENTS
grades_lesson1 = [None] * STUDENTS
grades_lesson2 = [None] * STUDENTS
grades_lesson3 = [None] * STUDENTS

for i in range(STUDENTS):
    names[i] = input("Enter student name No" + str(i + 1) + ": ")
    grades_lesson1[i] = int(input("Enter grade for lesson 1: "))
    grades_lesson2[i] = int(input("Enter grade for lesson 2: "))
```

```
    grades_lesson3[i] = int(input("Enter grade for lesson 3: "))

#Calculate the average grade for each student
#and display the names of those who are greater than 89
for i in range(STUDENTS):
    total = grades_lesson1[i] + grades_lesson2[i] + grades_lesson3[i]
    average = total / 3.0
    if average > 89:
        print(names[i])
```

练习 25.2.2　同时使用列表和字典

有 30 名学生，每个人收到了自己的考试成绩等级。编写一个 Python 程序，提示用户输入每名学生的考试等级（字母形式），然后根据下表显示每名学生的等级对应的百分范围。

等级	分值
A	90 ~ 100
B	80 ~ 89
C	70 ~ 79
D	60 ~ 69
E/F	0 ~ 59

解答

可以使用字典容纳上述的表格内容。解决方法如下：

file_25_2_2

```
STUDENTS = 30
grades_table = {"A": "90-100", "B": "80-89", "C": "70-79", \
                "D": "60-69", "E": "0-59", "F": "0-59"}

names = [None] * STUDENTS
grades = [None] * STUDENTS

for i in range(STUDENTS):
    names[i] = input("Enter student name No" + str(i + 1) + ": ")
    grades[i] = input("Enter his or her grade: ")

for i in range(STUDENTS):
    grade = grades[i]
    grade_as_percentage = grades_table[grade]

    print(names[i], grade_as_percentage)
```

现在，如果您完全理解最后的 for 结构是如何工作的，请看看下面的代码片段。它等价于最后的 for 结构，但可以更高效地运行，因为使用的变量更少！

```
for i in range(STUDENTS):
    print(names[i], grades_table[grades[i]])
```

■ 25.3 查找列表中的最大值和最小值

在练习 22.1.8 中，您学习了如何在不使用任何数据结构的情况下使用循环结构找到 4 个给定值中的最大值。当数据保存在数据结构中时，事情就变得更容易了！

练习 25.3.1　哪个深度最大？

编写一个 Python 程序，让用户输入 20 个湖泊的深度，然后显示最深的湖泊的深度。

解答

在用户将 20 个湖泊的深度输入到列表 depths 中后，变量 maximum 的初始值可以是列表 depths 的第一个元素的值，即 depths[0]。然后，程序可以查找（从索引 1 开始）大于此值的任何值。最终的解决方案非常简单，如下所示，无需多加解释。

file_25_3_1a

```
LAKES = 20

depths = [None] * LAKES
for i in range(LAKES):
    depths[i] = float(input())

#initial value
maximum = depths[0]
#Search furthermore, starting from index 1
for i in range(1, LAKES):
    if depths[i] > maximum:
        maximum = depths[i]

print(maximum)
```

> **提示**
> 从索引 0 而不是 1 开始迭代也没有问题，尽管程序会执行一次无用的迭代。

但请记住，计算列表最大值更 Python 化的方法是使用 max() 函数，如下所示：

file_25_3_1b

```
LAKES = 20

depths = [None] * LAKES
for i in range(LAKES):
```

```
    depths[i] = float(input())

maximum = max(depths)

print(maximum)
```

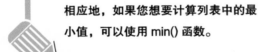

提示

相应地，如果您想要计算列表中的最小值，可以使用 min() 函数。

练习 25.3.2 哪个湖泊最深？

编写一个 Python 程序，让用户输入 20 个湖泊的名称和深度，然后显示最深的湖泊的名字。

解答

在这个练习中，您需要使用两个列表：一个保存湖泊的名称，一个保存湖泊的深度。解决方案如下：

file_25_3_2

```
LAKES = 20

names = [None] * LAKES
depths = [None] * LAKES

#Read names and depths
for i in range(LAKES):
    names[i] = input()
    depths[i] = float(input())

#Find maximum depth
maximum = depths[0]
m_name = names[0]
for i in range(1, LAKES):
    if depths[i] > maximum:
        maximum = depths[i]
        m_name = names[i]

print(m_name)
```

提示

在这个练习中，您不可以使用 max() 函数，因为它会返回最深的湖泊的深度而不是其名称。

练习 25.3.3　各国湖泊和平均面积，以及哪个湖泊最深

编写一个Python程序，让用户输入20个湖泊的名称和深度以及它们所属的国家和平均面积。然后程序必须显示关于最深的湖泊的所有有用信息。

解答

在这个练习中，您需要4个列表：一个用来保存名字，一个用来保存深度，一个用来保存国家的名字，一个用来保存湖泊的平均面积。实际上有两种方法。第一个方法和前一个练习中使用的方法是一样的。第二种方法更高效，因为它使用的变量更少。让我们分别研究这两个方法！

第一种方法——各自设置变量

这与之前练习中使用的方法是一样的。下面给出解决方案：

file_25_3_3a

```python
LAKES = 20

names = [None] * LAKES
depths = [None] * LAKES
countries = [None] * LAKES
areas = [None] * LAKES

for i in range(LAKES):
    names[i] = input()
    depths[i] = float(input())
    countries[i] = input()
    areas[i] = float(input())

#Find the maximum depth and all available information about it
maximum = depths[0]
m_name = names[0]
m_country = countries[0]
m_area = areas[0]
for i in range(1, LAKES):
    if depths[i] > maximum:
        maximum = depths[i]
        m_name = names[i]
        m_country = countries[i]
        m_area = areas[i]

print(maximum, m_name, m_country, m_area)
```

第二种方法——使用同一个索引

这种方法使用更少的变量。您可以仅使用一个变量而不是所有变量（m_name、m_country和m_area），该变量保存最大值所在的那个索引。是否感到困惑？让我们看看下面6个湖泊的例子。湖泊深度以英尺表示，平均面积以平方英里表示。

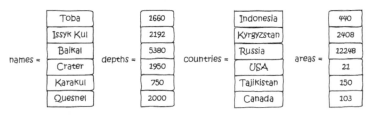

显然最深的湖泊是位于位置 2 的 Baikal（贝加尔湖）。然而，与前面的方法不同，它不是将名称 "Baikal" 保存在变量 m_name 中，将国家 "Russia" 保存在变量 m_country 中，将面积 "12248" 保存在变量 m_area 中，我们可以只使用一个变量保存这些值实际所在的索引位置（在这个例子中，索引值是 2）。解决方案如下：

file_25_3_3b

```
LAKES = 20

names = [None] * LAKES
depths = [None] * LAKES
countries = [None] * LAKES
areas = [None] * LAKES

for i in range(LAKES):
    names[i] = input()
    depths[i] = float(input())
    countries[i] = input()
    areas[i] = float(input())

#Find the maximum depth and
#the index in which this maximum depth exists
maximum = depths[0]
index_of_max = 0
for i in range(1, LAKES):
    if depths[i] > maximum:
        maximum = depths[i]
        index_of_max = i

#Display information using index_of_max as index
print(depths[index_of_max], names[index_of_max])
print(countries[index_of_max], areas[index_of_max])
```

请记住！给变量index_of_max赋初始值0是必要的，因为总是存在最大值位于位置0的可能性。

练习 25.3.4 哪名学生身高最矮？

编写一个 Python 程序，提示用户输入 100 名学生的姓名和身高，然后程序显示所有拥有最矮身高的学生姓名。

解答

在本练习中，使用 min() 函数找到最矮身高。然后，使用 for 结构搜索列表中所有等于最矮身高的值。

解决方案如下：

file_25_3_4

```
STUDENTS = 100

names = [None] * STUDENTS
heights = [None] * STUDENTS
for i in range(STUDENTS):
    names[i] = input("Enter name for student No " + str(i + 1) + ": ")
    heights[i] = float(input("Enter his or her height: "))

minimum = min(heights)

print("The following students have got the shortest height:")
for i in range(STUDENTS):
    if heights[i] == minimum:
        print(names[i])
```

> **提示**
>
> 请注意下面的代码片段也是正确的，但效率低下。
>
> ```
> print("The following students have got the shortest height:")
> for i in range(STUDENTS):
>     if heights[i] == min(heights):
>         print(names[i])
> ```
>
> 原因在于每次循环迭代中函数 min() 都会被调用——总共会被调用 100 次！

■ 25.4 在数据结构中查找元素

可以使用查找算法在数据结构中找到等于给定值的一个或多个元素。

在数据结构中查找元素时，存在两种情况：

- 您希望在可能包含多个相同值的数据结构中查找给定值。因此，您需要查找与给定值相等的所有元素（或其相应的索引）。

- 您希望在数据结构中查找给定值，该数据结构中每个值都是唯一的。因此，您只需找到一个元素（或其相应的索引），即与给定值相等的元素，然后停止查找！

227

练习 25.4.1 在可能包含多个相同值的列表中查找

编写一个代码片段，用于在列表中查找给定值。假设列表包含数值且可能包含多个相同的值。

解答

拟写的程序依次检查所有元素。它检查第一个列表元素是否等于给定值，然后检查第二个元素，然后检查第三个元素，直到列表检查结束。

代码片段如下所示。它在列表 haystack 中查找一个给定值 needle！

```python
needle = float(input("Enter a value to search: "))

found = False
for i in range(ELEMENTS):
    if haystack[i] == needle:
        print(needle, "found at position:", i)
        found = True

if found == False:
    print("nothing found!")
```

练习 25.4.2 显示所有具有相同名字的人的姓氏

编写一个 Python 程序，提示用户输入 20 个人的姓名，名字保存在列表 first_names 中，姓氏保存在列表 last_names 中。程序必须要求用户输入名字，然后搜索并显示列表中所有与给定名字相同的人名对应的姓氏。

解答

解决方案如下:

```
                          file_25_4_2

PEOPLE = 20

first_names = [None] * PEOPLE
last_names = [None] * PEOPLE

for i in range(PEOPLE):
    first_names[i] = input("Enter first name: ")
    last_names[i] = input("Enter last name: ")

needle = input("Enter a first name to search: ")

found = False
for i in range(PEOPLE):
    if first_names[i] == needle:
        print(last_names[i])
```

```
            found = True

if found == False:
    print("No one found!")
```

练习 25.4.3　在包含唯一值的数据结构中进行查找

编写一个代码片段，在列表中查找给定值。假设列表包含数值且每个值都是唯一的。

解答

由于列表中的每个值都是唯一的，因此一旦找到给定值，就没有理由继续迭代直到列表结束，这会浪费 CPU 时间。因此，当找到给定值时，使用 break 语句跳出 for 结构。解决方案如下：

```
needle = float(input("Enter a value to search: "))

found = False
for i in range(ELEMENTS):
    if haystack[i] == needle:
        print(needle, "found at position:", i)
        found = True
        break

if found == False:
    print("nothing found!")
```

练习 25.4.4　查找给定的社会安全号码

在美国，社会安全号码 (SSN) 是一个 9 位数的身份号码，适用于所有美国公民，用于因社会保障目的而识别他们。编写一个 Python 程序，提示用户输入 100 个人的 SSN、名字以及姓氏。然后，程序必须向用户请求一个 SSN，并基于该 SSN 查找并显示拥有此 SSN 的人的名字和姓氏。

解答

根据到目前为止学到的知识，此练习的解决方案设计如下：

file_25_4_4

```
PEOPLE = 100

SSNs = [None] * PEOPLE
first_names = [None] * PEOPLE
last_names = [None] * PEOPLE

for i in range(PEOPLE):
    SSNs[i] = input("Enter SSN: ")
    first_names[i] = input("Enter first name:")
    last_names[i] = input("Enter last name:")
```

```
needle = input("Enter an SSN to search: ")

found = False
for i in range(PEOPLE):
    if SSNs[i] == needle:
        print(first_names[i], last_names[i])
        found = True
        break

if found == False:
    print("nothing found!")
```

提示

在美国，不可能有两个或多个人拥有同样的 SSN。因此，虽然练习的内容并没有表达得特别清晰，但列表 SSNs 中的每个值都是唯一的。

■ 25.5 复习题：判断对错

判断以下语句的真假。

1. 在按升序排序的列表中，第一个元素是最大的。

2. 查找算法只能用于包含算术值的列表。

3. 一个查找算法可按如下方式工作：检查最后一个列表元素是否等于给定值，然后检查倒数第二个元素，依此类推，直到检查到列表的开始处或直到找到给定值。

4. 在使用查找算法时，如果列表每个值都是唯一的，并且已经找到您正在查找的值，则无需继续进行检查。

■ 25.6 巩固练习

完成以下练习：

1. 编写一个 Python 程序，提示用户输入 50 个正数值到列表中。该程序必须创建一个包含 48 个元素的新列表。在这个新列表中，每个位置必须包含之前给定列表中 3 个元素的平均值。这 3 个元素分别为当前位置上的元素和后面两个位置上的元素。

2. 编写一个 Python 程序，提示用户将数值输入列表 a、b 和 c，每个列表包含 15 个元素。然后该程序必须创建一个包含 15 个元素的新列表 new_arr。在这个新列表中，每个位置必须包含列表 a、b 和 c 中相应位置的的最小值。

3. 编写一个 Python 程序，让用户输入 30 座山的名字、高度以及每座山所属的国家。 程序必须显示关于最高山和最低山的所有有用信息。

4. 一个高中有两个班，分别有 20 名和 25 名学生。编写一个 Python 程序，提示用户将两个班级学生的姓名输入两个单独的列表。然后，程序必须提示用户输入一个姓名，并且必须在两个列表中查找该姓名。如果找到该学生姓名，程序必须显示消息 "Student found in class No…"，否则必须显示消息 "Student not found in either class"。假定这两个列表包含的姓名都是唯一的。

5. 假设有两个列表，即 usernames 和 passwords，其中包含公司 100 名员工的登录信息。编写一段代码，提示用户输入用户名和密码，然后在用户名和密码组合有效时显示消息 "Login OK!"，否则必须显示消息 "Login Failed!"。假设用户名是唯一的，但密码不唯一。

6. 假设有两个列表 names 和 SSNs，分别包含有 1000 名美国公民的姓名和社会安全号码。编写一段代码，提示用户输入一个值（可以是姓名或 SSN），然后搜索并显示所有具有该姓名或该 SSN 的人的姓名和 SSN。如果找不到给定值，则必须显示消息 "This value does not exist"。

7. 有 12 名学生，每个人都获得了 3 门课成绩。编写一个 Python 程序，让用户输入所有课程的成绩，然后显示一条消息，指出是否至少有一名学生的成绩平均值低于 70。

8. 有 15 名学生，每个人都收到了两门课测试成绩等级。编写一个 Python 程序，让用户输入每名学生两门测试的成绩等级（以百分范围表示）。然后根据下表计算并用字母等级显示每名学生的平均成绩。

等级	分值
A	90 ~ 100
B	80 ~ 89
C	70 ~ 79
D	60 ~ 69
E/F	0 ~ 59

9. 一个有着 15 名球员的篮球队参加 4 场比赛。编写一个 Python 程序，让用户输入每名球员在每场比赛的得分，然后程序必须显示每名球员的总得分数。

10. 编写一个 Python 程序，让用户输入 3 个城市在一天每小时测量的温度，然后显示所有城市平均温度低于 10 ℉ 的小时。

11. 有 12 名学生，每个人都有两门课的成绩。编写一个 Python 程序，让用户输入两门课中学生的姓名和成绩，然后显示：

a. 每个学生的名字和平均成绩。

b. 平均成绩低于 60 分的学生的姓名

c. 平均成绩大于 89 分的学生姓名，随之显示消息 "Bravo!"

12. 在歌唱比赛中，每位歌手都会唱出自己选择的歌曲。有 3 位评委和 15 位艺术家，他们每个人都根据自己表现得分。然而，根据本次比赛的规则，总分是在排除最低分数后计算的。编写一个 Python 程序，提示用户输入艺术家的名字、每位艺术家演唱的歌曲名称以及他们从每位评委获得的分数。然后程序必须显示每位艺术家的名字、歌曲名称和所得的总分。

13. 一家民意调查公司请 20 位市民对两种消费品进行评分。编写一个 Python 程序，提示用户输入每种产品的名称和每位市民给出的分数（A、B、C 或 D）。然后程序必须计算并显示每种产品的名称和给出"A"的市民人数。

14. 编写一个 Python 程序，提示用户输入一个英文单词，然后参考下面的表格，用点和中画线显示相应的摩尔斯电码。

摩尔斯电码			
A	.-	N	-.
B	-...	O	---
C	-.-.	P	.--.
D	-..	Q	--.-
E	.	R	.-.
F	..-.	S	...
G	--.	T	-
H	....	U	..-
I	..	V	...-
J	.---	W	.--
K	-.-	X	-..-
L	.-..	Y	-.--
M	--	Z	--..

提示：可以使用字典保存摩尔斯电码。

第 26 章 子程序简介

26.1 什么是子程序

在计算机科学中，子程序表示为执行特定任务而打包成一个单元的语句块。无论何时需要执行特定任务，都可以在程序中多次调用（执行）子程序。

内置的 Python 函数 len()、str()、int()、float()、min()、和 max() 都是子程序的例子。每一个函数执行一个特定的任务！

一般来说，有两种子程序：函数和过程。函数和过程的区别在于函数会返回一个结果，过程则不会。不过，在一些计算机语言中，这种区别可能不太明显。有些语言中的函数可以像过程一样工作且不返回任何结果，有些语言中的过程可以返回一个甚至更多个结果。

> **提示**
>
> 取决于所使用的计算机语言，术语"函数"和"过程"的含义可能会有所不同。举例来说，在 Visual Basic 中可以发现它们是"函数"和"子过程"，而在 FORTRAN 中可以发现它们是"函数"和"子例程"。另一方面，Python 仅支持函数，但它可以扮演这两种角色，根据编写方式的不同它们可以表现为函数或过程。

26.2 什么是过程式编程

假设您被分配了一个项目，该项目解决您所在地区的手足口防治问题。一种可能的方法（可能会非常困难或者甚至是不可能的）就是试图凭一己之力解决该问题！

然而，更好的方法是将大问题细分为较小的子问题，如预防、治疗和康复，每个问题还可以进一步细分为更小的子问题，如图 26-1 所示。

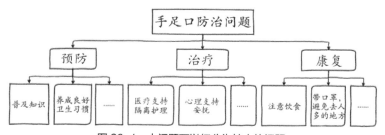

图 26-1 大问题可以细分为较小的问题

　　然后，作为该项目的主管，您可以租用一栋大楼并在其中建立3个部门：预防部门及其所有子部门，治疗部门及其所有子部门，康复部门及其所有子部门。最后，您会雇佣员工（来自各个领域的专家），让他们为您做不同的工作！

　　过程式编程与此完全相同。它将初始问题细分为较小的子问题，每个子问题又被进一步细分为更小的子问题。最后，为每个子问题编写一个小的子程序，主程序（"主管"）调用（"雇佣"）它们完成不同部分的工作。

　　过程式编程具有如下优点：

- 它能够使程序员在需要时复用相同的代码，而无需复制它。
- 实现起来相对容易。
- 有助于程序员更轻松地追踪执行流。

> **提示**
>
> 事实证明，如果一个大规模程序未划分成子程序进行实现，则很难调试和维护。鉴于此，将其细分成较小的子程序通常利于调试和维护，其中每一个子程序执行明确定义的处理过程。

■ 26.3　什么是模块化编程

　　在模块化编程中，通用功能的子程序可以组合成单独的模块，每个模块都可以拥有自己的一组数据。因此，程序可以由

> **提示**
>
> 在未将其划分为较小的子程序的情况下编写大型程序会导致所谓的"面条式代码"。

多个部分组成，每个部分（模块）可以包含一个或多个较小的部分（子程序）。

　　如果您在之前的手足口防治问题项目中使用模块化编程，那么您可以拥有3栋独立的大楼：第一栋用于预防部门及其所有子部门，第二栋用于治疗部门及其所有子部门，第三栋用于康复部门及其所有子部门（如图26-2所示）。这3栋大楼可以被认为是模块化编程中的3个不同模块，每个模块包含通用功能的子程序。

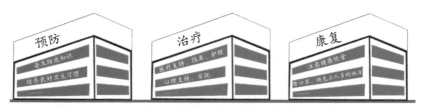

图26-2　通用功能的子程序可以组合在一起形成单独的模块

■ 26.4 复习题：判断对错

判断以下语句的真假。

1. 子程序是为执行特定任务打包成单元的语句块。

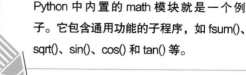

提示

Python 中内置的 math 模块就是一个例子。它包含通用功能的子程序，如 fsum()、sqrt()、sin()、cos() 和 tan() 等。

2. 在许多计算机语言中存在两种子程序。

3. 在许多计算机语言中，函数和过程的区别在于过程返回结果，而函数不返回结果。

4. Python 仅支持过程。

5. 过程式编程有助于您编写"面条式代码"。

6. 过程式编程将初始问题划分为较小的子问题。

7. 过程式编程的一个优点在于，在必要时可以复用相同的代码，而不必复制它。

8. 过程式编程帮助程序员更容易地追踪执行流。

9. 在模块化编程中，通用功能的子程序被组织到单独的模块中。

10. 在模块化编程中，每一个模块都可以有自己的一组数据。

11. 模块化编程使用的结构与结构化编程不同。

12. 一个程序可以包含多个模块。

■ 26.5 复习题

回答以下问题：

1. 什么是子程序？说出 Python 中内置的一些子程序。

2. 什么是过程式编程？

3. 过程式编程的优点有哪些？

4. 术语"面条式代码"有何含义？

5. 什么是模块化编程？说说 Python 中内置的一些模块。

扫码看视频

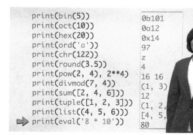

第 27 章　用户自定义的子程序

■ 27.1　有返回值的子程序

在 Python 和许多其他计算机语言中，有返回值的子程序被称为函数。Python 中有两种函数。有内置函数，如 int()、float()，还有用户自定义函数，如您在自己的程序中编写和使用的函数。

返回一个或多个值的 Python 函数的一般形式如下：

```
def name([arg1, arg2, arg3, …]):
    #Here goes
    #a statement or block of statements

    return value1 [, value2, value3, … ]
```

其中，

- name 是函数的名称。它和变量的命名遵守同样的规则。
- arg1，arg2，arg3，…用于将值从调用者传到函数的参数列表（变量、列表等）。参数数量随需要而定。
- value1，value2，value3，…是返回给调用者的值。它们可以是常数值、变量、表达式甚至是数据结构。

> **提示**
>
> 请注意参数是可选的，换句话说，一个函数可以不含参数。

例如，下面的函数计算两个数字的和并返回结果：

```
def get_sum(num1, num2):
    result = num1 + num2
    return result
```

当然，也可以写成：

```
def get_sum(num1, num2):
    return num1 + num2
```

下面的函数计算两个数字的和与差，然后返回结果：

```
def get_sum_dif(num1, num2):
    s = num1 + num2
    d = num1 - num2
    return s, d
```

■ 27.2 如何调用有返回值的函数

对于有返回值的函数的每一次调用都是这样进行的：您在函数的名称后面写一个实参列表（如果需要的话），该函数或者在一个语句中，其返回值被赋给一个变量，也可以在一个表达式中，其返回值直接参与表达式运算。

让我们看一些例子。下面的函数接收一个参数（一个数值），并返回该值的 3 次方的结果。

```
def cube(num):
    result = num ** 3
    return result
```

现在，假设您希望使用以下表达式计算一个结果：

$$y = x^3 + \frac{1}{x}$$

您可以将函数 cube() 的返回值赋给一个变量，如下所示：

```
x = float(input())

cb = cube(x)        #Assign the returned value to a variable
y = cb + 1 / x      #and use that variable

print(y)
```

您也可以直接在一个表达式中调用函数：

```
x = float(input())

y = cube(x) + 1 / x #Call the function directly in an expression

print(y)
```

您甚至可以直接在 print() 语句中调用函数。

```
x = float(input())

print(cube(x) + 1 / x) #Call the function directly in a print() statement
```

提示

可以像调用 Python 的内置函数一样调用户自定义函数。

现在让我们看看另一个例子。下面的 Python 程序定义函数 get_message()，然后主代码调用该函数，其返回值被赋给变量 a。

file_27_2a

```
#Define the function
def get_message():
    msg = "Hello Zeus"
```

```
        return msg

#Main code starts here
print("Hi there!")
a = get_message()
print(a)
```

如果您运行这个程序，将会显示下面的消息：

提示

请注意函数并不是在程序开始执行时就立刻执行。在这个例子中，执行的第一条语句实际上是 print("Hi there!")。

只要函数的括号内存在至少一个参数，您就可以将值传递给函数。在下一个示例中，函数 display() 被调用 3 次，每次都通过参数 color 传递不同的值。

file_27_2b

```
#Define the function
def display(color):
    msg = "There is " + color + " in the rainbow"
    return msg

#Main code starts here
print(display("red"))
print(display("yellow"))
print(display("blue"))
```

如果您运行这个程序，将显示下面的消息：

在下面的例子中，必须给函数 display() 传递两个值。

file_27_2c

```
#Define the function
def display(color, exists):
    neg = ""
```

```
    if exists == False:
        neg = "n't any"

    return "There is" + neg + " " + color + " in the rainbow"

#Main code starts here
print(display("red", True))
print(display("yellow", True))
print(display("black", False))
```

如果您执行该程序，将会显示如下的消息：

```
There is red in the rainbow
There is yellow in the rainbow
There isn't any black in the rainbow
```

> **提示**
>
> 在 Python 中，您必须将您的子程序放在主代码的上面，在其他计算机语言（如 Java 或 PHP）中，您可以将子程序放在主代码的上面或下面。然而，即便如此，大多数程序员还是倾向于将所有子程序放在顶部以便阅读。

正如已经提到的，Python 中的函数可以返回不止一个值。下面的例子提示用户输入名字和姓氏，然后显示它们。

file_27_2d

```
#Define the function
def get_fullname():
    first_name = input("Enter first name: ")
    last_name = input("Enter last name: ")
    return first_name, last_name

#Main code starts here
fname, lname = get_fullname()
print("First name:", fname)
print("Last name:", lname)
```

■ 27.3 无返回值的子程序

许多计算机语言，例如 Visual Basic 和 Delphi 等，当子程序没有返回值时，将其称为过程。

在 C 和其他类似的计算机语言中，例如 C++，一个没有返回值的子程序被称为 void 函数。但在 Python 中，没有过程或 void 函数，只有函数！

没有返回值的 Python 函数的一般形式如下所示：

```
def name([arg1, arg2, arg3, …]):
    #Here goes
    #a statement or block of statements
```

其中：

- name 是函数的名称。它与变量命名遵循同样的规则。
- arg1, arg2, arg3, …是用于将值从调用者传递到函数的参数列表（变量、列表等），参数的数量可以随需要而定。

提示
请注意参数是可选的，也就是说，一个函数可以不含参数。

例如，下面的函数计算两个数字的和然后显示结果。它不会给调用者返回任何内容！

```
def display_sum(num1, num2):
    result = num1 + num2
    print(result)
```

■ 27.4 如何调用无返回值的函数

只需写函数名称就可以调用一个没有返回值的函数。下面的例子定义了函数 display_line()，主代码在需要显示一条水平线时就会调用该函数。

file_27_4a

```
#Define the function
def display_line():
    print("-----------------------------")

#Main code starts here
print("Hello there!")
display_line()

print("How do you do?")
display_line()

print("What is your name?")
display_line()
```

您也可以将值传递给函数，只要函数的括号内至少存在一个参数即可。在下一个示例中，函数 display_line() 被调用 3 次，但每次传给参数 length 的值不同，故打印出 3 条不同长度的"线段"。

```
                           file_27_4b
#Define the function
def display_line(length):
    for i in range(length):
        print("-", end = "")
    print()

#Main code starts here
print("Hello there!")
display_line(12)

print("How do you do?")
display_line(14)

print("What is your name?")
display_line(18)
```

请记住！由于函数display_line()没有返回值，因此您不能将返回值赋给变量。下面一行代码是错误的。

```
y = display_line(12)
```

同样地，您不可以在语句中调用它。下面的一行代码也是错误的：

```
print("Hello there!", display_line(12))
```

■ 27.5 形参和实参

每一个子程序包含的参数列表叫做形参列表。如前面所述，列表中的参数是可选的。形参列表可以不包含参数，也可以包含一个或更多的参数。

当子程序被调用时，一个参数列表被传递到子程序中，这个列表被称为实参列表。

在下面这个例子中，变量 n1 和 n2 构成了形参列表，变量 x 和 y 构成了实参列表。

```
                           file_27_5
#Define the function divide().
#The arguments n1 and n2 are called formal arguments
def divide(n1, n2):
    result = n1 / n2
    return result

#Main code starts here
x = float(input())
y = float(input())

#Call the function divide().
#The arguments x and y are called actual arguments
w = divide(x, y)

print(w)
```

提示

请注意形参和实参之间存在一对一的匹配关系。实参 X 的值被传递（赋值）给形参 n1，实参 y 的值被传递（赋值）给形参 n2。

■ 27.6 子程序是如何执行的

当主代码调用子程序时会执行以下步骤：

（1）主代码中语句的执行被中断。

（2）实参列表中变量的值或表达式的结果被传递（赋值）给形参列表中对应的形参（变量），同时执行流转向子程序定义所在的位置。

（3）执行子程序中的语句。

（4）当执行流到达子程序的末尾时：

- 对于有返回值的函数的情况，该值从函数返回到主代码，执行流从调用该函数之前的地方继续执行。

- 对于无返回值的函数的情况，执行流只需从调用该函数之前的地方继续执行。

在下面的 Python 程序中，maximum() 函数接受两个参数（数值）并返回两者中较大的那一个。

```
                            file_27_6

def maximum(val1, val2):
    m = val1
    if val2 > m:
        m = val2
    return m

#Main code starts here
a = float(input())
b = float(input())

maxim = maximum(a, b)

print(maxim)
```

当 Python 程序开始运行时，执行的第一条语句是 a = float(input())（这被认为是程序的第一条语句）。假设用户输入值 3 和 8。当调用 maximum() 函数时，主代码的语句执行被中断，变量 a 和 b 的值被传递（赋值，如果您喜欢这样说）给相应的参数（变量）val1 和 val2，然后执行函数中的语句。最后，当执行流到达函数的末尾时，值 8 从函数返回到主代码（并赋给变量 maxim），并且执行流从调用函数之前的地方继续执行。主代码在用户的屏幕上打印值 8。

■ 27.7 两个子程序可以使用相同名字的变量吗

每个子程序都使用自己的内存空间保存变量的值。即使是主代码也有自己的内存空间！这意味着您可以在主代码中声明一个名为 test 的变量，在子程序中声明另一个名为 test 的变量，还可以在另一个子程序中声明名为 test 的变量。不过请注意，它们是 3 个完全不同的变量，位于不同的内存位置，可以容纳完全不同的值。

正如您在下面的程序中看到的那样，在 3 个不同的内存位置存在 3 个名为 test 的变量，每个变量都具有完全不同的值。程序中的注释可以帮助您理解究竟发生了什么。

file_27_7a

```python
def f1():
    test = 22
    print(test)

def f2(test):
    print(test)

#Main code starts here
test = 5
print(test)     #It displays: 5
f1()            #It displays: 22
f2(10)          #It displays: 10
print(test)     #It displays: 5
```

现在，让我们看看其他例子。在下一个 Python 程序中，主代码中的变量 test 通过参数（变量）传递给函数 f1()，该参数恰好也被命名为 test。如前面所述，尽管两个变量具有相同的名称，但实际上它们是主存中两个不同位置的不同变量！实际上，这意味着尽管 f1() 会改变其参数变量 test 的值，但当执行流返回到主代码时，该更改不会影响主代码中的变量 test 的值。

file_27_7b

```python
def f1(test):
    test += 1
    print(test) #This is the variable of
                #function f1(). Value 6 is displayed

#Main code starts here
test = 5
f1(test)
print(test) #This is the variable of
            #the main code. Value 5 is displayed
```

> **提示**
>
> 请注意只要子程序还在执行中，子程序中的变量就"存在"。这意味着在调用子程序之前，主存（RAM）中不存在子程序中的变量（包括形参列表中的那些）。它们都是在子程序被调用时在主存中创建的，当子程序执行结束、执行流返回到调用者后它们就从主存中被清除了。那些能够永远"存在"的，或者至少在 Python 程序执行时就存在的，是主代码中的变量和全局变量。

■ 27.8 一个子程序可以调用另一个子程序吗

您在阅读本章时，可能会有这样的印象：只有主代码才能调用子程序。当然，这是不正确的！

一个子程序可以调用任何其他子程序，被调用的子程序又可以调用另一个子程序，等等。下面这个例子就是这种情况。主代码调用子程序 display_sum()，后者又调用子程序 add()。

file_27_8

```python
def add(number1, number2):
    result = number1 + number2
    return result

def display_sum(num1, num2):
    print(add(num1, num2))

#Main code starts here
a = int(input())
b = int(input())

display_sum(a, b)
```

> **提示**
>
> 请注意，这两个子程序的编写顺序没有限制。如果函数 display_sum() 被编写在函数 add() 之前，效果完全相同。

■ 27.9 默认参数值和关键字参数

如果您为形参列表中的参数使用默认值，则表示如果该参数没有被传递任何值，即使用默认值。在下一个示例中，prepend_title() 函数被设计为在名字前加上前缀（添加头衔）。如果不给参数 title 传值，则该函数使用默认值 "Mr."。

file_27_9a

```
def prepend_title(name, title = "Mr"):
    return title + " " + name

#Main code starts here
print(prepend_title("John King"))          #It displays: Mr John King
print(prepend_title("Maria Miller", "Ms")) #It displays: Ms Maria Miller
```

> **提示**
> 当形参列表中的参数被赋予一个默认值后，该参数被称为"可选参数"。

> **提示**
> 在形参列表中，任何可选参数都必须位于所有不可选参数的右侧，反过来是错误的。

此外，在 Python 中，可以使用关键字参数以下面的形式调用子程序：

```
argument_name = value
```

Python 假设关键字参数是可选的。如果在函数调用中未提供参数，则使用默认值。

file_27_9b

```
def prepend_title(first_name, last_name, title = "Mr", reverse = False):
    if reverse == False:
        return title + " " + first_name + " " + last_name
    else:
        return title + " " + last_name + " " + first_name

#Main code starts here
print(prepend_title("John", "King"))        #It displays: Mr John King
print(prepend_title("Maria", "Myles", "Ms")) #It displays: Ms Maria Myles
print(prepend_title("Maria", "Myles", "Ms", True)) #It displays: Ms Miller Myles

#Using keyword argument
print(prepend_title("John", "King", reverse = True)) #it displays: Mr King John
```

> **提示**
> 一些计算机语言，比如 PHP、C# 和 Visual Basic（仅举几例）更喜欢使用术语"具名参数"，而不是"关键字参数"。

245

■ 27.10 变量的作用域

变量的作用域是指该变量的作用范围。在 Python 中，变量可以具有局部或全局作用域。在子程序中声明的变量具有局部作用域，该变量只能在该子程序中使用。另一方面，在子程序之外声明的变量具有全局作用域，可以在任何子程序中使用，也可以在主代码中使用。

让我们看一些例子。下面的例子声明了一个全局变量 test，该全局变量的值可以在函数中进行访问和显示。

file_27_10a

```
def display_value():
    print(test)        #It displays: 10

#Main code starts here
test = 10
display_value()
print(test)            #It displays: 10
```

现在的问题是，"如果在函数 display_value() 中更改变量 test 的值，会发生什么？"是否会影响全局变量 test？在下一个示例中，将显示值 20 和 10。

file_27_10b

```
def display_value():
    test = 20
    print(test)

#Main code starts here
test = 10
display_value()        #It displays: 20
print(test)            #It displays: 10
```

产生这种结果是因为 Python 在主存 (RAM) 中声明了两个变量，即全局变量 test 和局部变量 test。

现在让我们把第一个例子和第二个例子结合起来看看会发生什么。首先，程序将访问变量 test，然后为它赋值，如下面的代码所示。

file_27_10c

```
def display_value():
    print(test)        #This statement throws an error
    test = 20
    print(test)

#Main code starts here
test = 10
display_value()
print(test)
```

遗憾的是，这个例子抛出错误消息 "local variable 'test' referenced before assignment"。 发

生这种情况是因为在 display_value() 函数中存在赋值语句 test = 20，Python 因此"假定"您希望声明一个局部变量。因此，第一条 print(test) 语句不可避免地抛出错误消息。任何在函数中定义或更改的变量都是局部变量，除非它被强制为全局变量。要强制 Python 使用全局变量，必须使用关键字 global，如下例所示。

file_27_10d

```
def display_value():
    global test
    print(test)      #It displays: 10
    test = 20
    print(test)      #It displays: 20

#Main code starts here
test = 10
display_value()
print(test)          #It displays: 20
```

提示

如果一个全局变量的值在子程序内被改变，那么该变化也会体现到子程序的外部。请注意，主代码的最后一条语句 print(test) 显示值 20。

请记住！在函数中定义或修改的任何变量都是局部变量，除非使用关键字global将其声明为全局变量。

下面的代码片段声明了一个全局变量 x，在函数 display_values() 中声明了两个局部变量 x 和 y，在 display_other_values() 函数中声明了一个局部变量 y。请记住，全局变量 x 和局部变量 x 是两个不同的变量！

file_27_10e

```
def display_values():
    x = 7
    y = 3
    print(x, y)      #It displays: 7  3

def display_other_values():
    y = 2
    print(x, y)      #It displays: 10  2

#Main code starts here
x = 10               #x is global
print(x)             #It displays: 10
display_values()
display_other_values()
print(x)             #It displays: 10
```

请记住！您可以在不同的子程序中声明具有相同名称的局部变量，因为它们只能被所在子程序所访问。

■ 27.11 复习题：判断对错

判断以下语句的真假。

1. 在一些计算机语言中，例如 C 和 C++，没有返回值的子程序被称为 void 函数。

2. 用于将值传递给函数的变量称为参数。

3. int() 函数是一个用户自定义函数。

4. 可以像调用 Python 的内置函数那样调用有返回值的用户自定义函数。

5. 有返回值的函数和无返回值的函数的调用方式不同。

6. 函数的形参列表中可以含有多个参数。

7. 在函数中，形参列表必须包含至少一个参数。

8. 在函数中，形参列表是可选的。

9. 在子程序中，所有形参的名称必须不同。

10. 形参和实参之间是一一对应的。

11. 您可以在一条语句中调用一个没有返回值的函数。

12. 当执行流到达子程序的末尾时，执行流将从调用子程序之前的位置继续执行。

13. 语句 return x + 1 是一条有效的 Python 语句。

14. 函数的实参列表中可以没有参数。

15. 下面的语句调用 cube() 函数 3 次。

```
cb = cube(x) + cube(x) / 2 + cube(x) / 3
```

16. 下面的代码片段：

```
cb = cube(x)
y = cb + 5
print(y)
```

的结果与下面的语句的相同的值。

```
print(cube(x) + 5)
```

17. 下面的代码片段：

```
y += test(x)
y += 5
```
与下面的语句等价

```
y = 5 + test(x)
```

18. 在 Python 中，函数必须包含一条 return 语句。

19. play-the-guitar 是一个有效的函数名字。

20. 在 Python 中，您可以将函数放在主代码的上方或下方。

21. 当主代码调用一个函数时，主代码中语句的执行被中断。

22. float() 函数是 Python 的一个内置函数。

23. 下面的代码片段：

```
def add(a, b):
    return a / b

a = 10
b = 5
print(add(a, b))
```

显示值 15。

24. 下面的 Python 程序：

```
def message():
    print("Hello Aphrodite!")

print("Hi there!")
message()
```

执行的第一条语句是 print("Hello Aphrodite!")。

■ 27.12   巩固练习

完成以下练习：

1. 下面的子程序中包含两处错误，您能发现它们吗？

```
def find_max(a, b)
    if a > b:
        maximum = a
    else:
        maximum = b
```

2. 当输入值 3、−7、−9、0 和 4 时，尝试确定以下 Python 程序的每个步骤中变量的值，并判断用户屏幕上显示的内容。

```
def display(a):
    if a > 0:
        print(a, "is positive")
    else:
        print(a, "is negative or zero")

for i in range(5):
    x = int(input())
    display(x)
```

3. 编写一个子程序，通过其形参列表接收 3 个数值，然后返回它们的和。

4. 编写一个子程序，通过其形参列表接收 4 个数值，然后返回它们的平均值。

5. 编写一个子程序，通过其形参列表接收 3 个值，然后显示它们中的最大值。

6. 完成以下任务：

（1）编写一个名为 find_min 的子程序，通过其形参列表接收两个数字，返回较小的数字。尽量不要使用 Python 的内置函数 min()。

（2）使用上面提到的子程序，编写一个 Python 程序，提示用户输入 4 个数字，然后显示最小的数字。

7. 完成以下任务：

（1）编写一个名为 get_input 的子程序，提示用户输入"yes"或"no"，向调用者返回相应地 True 或 False。让子程序接受所有可能形式的答案，如"yes""YES""Yes""No""NO"以及"nO"等。

（2）编写一个名为 find_area 的子程序，通过其形参列表接收一个平行四边形的底和高，然后返回其面积。

（3）使用上面提到的子程序，编写一个 Python 程序，提示用户输入一个平行四边形的底和高，然后显示它的面积。该程序的迭代次数必须根据用户的意愿而定。在每次计算结束时，程序必须询问用户是否希望计算另一个平行四边形的面积，如果答案为"yes"，程序必须能够重复执行以上处理过程。

■ 27.13 复习题

回答以下问题：

1. 有返回值的 Python 函数的一般形式是什么？
2. 无返回值的 Python 函数的一般形式是什么？
3. 如何调用有返回值的 Python 函数？
4. 如何调用无返回值的 Python 函数？
5. 描述当主代码调用一个有返回值的函数时执行的步骤。
6. 描述当主代码调用一个无返回值的函数时执行的步骤。
7. 什么是形参列表？
8. 什么是实参列表？
9. 两个子程序可以使用具有相同名字的变量吗？
10. 子程序的变量在主存中"存在"多长时间？
11. 主代码中的变量在主存中"存在"多长时间？
12. 一个子程序可以调用另一个子程序吗？如果可以，举几个例子。
13. 什么是可选参数？
14. 术语"变量的作用域"是什么意思？
15. 当变量拥有局部作用域时会发生什么？
16. 当变量拥有全局作用域时会发生什么？
17. 局部变量和全局变量有什么不同？

第 28 章　子程序专项练习

■ 28.1　一些额外的练习

练习 28.1.1　回归基础——计算两个数字的和

执行以下操作：

（1）编写一个名为 total 的子程序，通过它的形参列表接收两个数值，然后计算并返回它们的和。

（2）使用上面提到的子程序，编写一个 Python 程序，让用户输入两个数字，然后显示它们的和。

解答

在这个练习中，您需要编写一个函数，该函数接收来自调用者的两个值，然后计算并返回它们的和。解决方案非常简单，如下所示：

```
                            file_28_1_1

def total(a, b):
    s = a + b
    return s

#Main code starts here
num1 = float(input())
num2 = float(input())

result = total(num1, num2)

print("The sum of", num1, "+", num2, "is", result)
```

练习 28.1.2　用更少的代码计算两个数字的和！

用更少的代码重写前一个练习中的 Python 程序。

解答

让我们用更少的代码解决前面的习题。解答如下：

```
                            file_28_1_2

def total(a, b):
    return a + b

#Main code starts here
num1 = float(input())
```

```
num2 = float(input())

print("The sum of", num1, "+", num2, "is", total(num1, num2))
```

与前一个练习的解决方案相反，在这个解决方案中，total() 函数中的和不是被赋值给变量 s，而是直接被计算并返回。此外，在主代码中，返回的值也未被赋给一个变量，而是直接显示出来。

请记住！可以像调用Python中的内置函数那样调用用户自定义函数。

练习 28.1.3 一个简单的货币转换器

完成以下任务：

1. 编写一个名为 display_menu 的子程序显示以下菜单：

① Convert USD to Euro（EUR）

② Convert Euro（EUR）to USD

③ Exit

2. 使用上面提到的子程序，编写一个 Python 程序显示前面提到的菜单，提示用户输入一个选项（1、2 或 3）。如果选择选项 1 或 2，程序必须提示用户输入金额，然后它必须计算并显示相应的转换结果。该转换过程的重复次数必须按照用户的期望而定。已知：$1= 0.94EUR(€)。

解答

解决方案非常简单，无需进一步解释。

file_28_1_3

```
def display_menu():
    print("1. Convert USD to Euro (EUR)")
    print("2. Convert Euro (EUR) to USD")
    print("3. Exit")
    print("-----------------------------")
    print("Enter a choice: ", end = "")

#Main code starts here
while True:
    display_menu()
    choice = int(input())

    if choice == 3:
        print("Bye!")
        break
    else:
        amount = float(input("Enter an amount: "))
        if choice == 1:
            print(amount, "USD =", amount * 0.94,"Euro")
        else:
            print(amount, "Euro =", amount / 0.94,"USD")
```

提示

语句 while True 定义了一个无限循环，但循环里的 break 语句确保循环最终能够停止迭代。

练习 28.1.4　一个更完整的货币转换器

完成以下任务：

（1）编写一个名为 display_menu 的子程序显示下面的菜单：

1. Convert USD to Euro（EUR）

2. Convert USD to British pound Sterling（GBP）

3. Convert USD to Japanese Yen（JPY）

4. Convert USD to Canadian Dollar（CAD）

5. Exit

（2）编写 4 个不同的子程序，分别名为 USD_to_EU、USD_to_GBP、USD_to_JPY 和 USD_to_CAD，它们通过形参列表接收一种货币，然后返回相应的转换值。

（3）使用上面提到的子程序，编写一个 Python 程序显示前面提到的菜单，然后提示用户输入一个选项 (1、2、3、4 或 5)，以及美元的金额。程序必须显示期望的转换结果。转换过程的重复次数根据用户的期望而定。已知：

- $1 = 0.94EUR（€）

- $1 = 0.79GBP（£）

- $1 = ￥113JPY

- $1 = 1.33CAD（$）

解答

根据这个练习的内容，display_menu() 函数不应该返回任何值。它应该只是显示菜单。另一方面，用于转换货币的 4 个函数通过参数接收一个值，它们必须返回相应的转换值。解决方案如下所示。

file_28_1_4

```
def display_menu():
    print("1. Convert USD to Euro (EUR)")
    print("2. Convert USD to British Pound Sterling (GBP)")
    print("3. Convert USD to Japanese Yen (JPY)")
    print("4. Convert USD to Canadian Dollar (CAD)")
    print("5. Exit")
    print("-------------------------------------------")
    print("Enter a choice: ", end = "")

def USD_to_EU(value):
```

```
        return value * 0.94

def USD_to_GBP(value):
        return value * 0.79

def USD_to_JPY(value):
        return value * 113

def USD_to_CAD(value):
        return value * 1.33

#Main code starts here
while True:
        display_menu()
        choice = int(input())

        if choice == 5:
            print("Bye!")
            break
        else:
            amount = float(input("Enter an amount in US dollars: "))
            if choice == 1:
                print(amount, "USD =", USD_to_EU(amount), "Euro")
            elif choice == 2:
                print(amount, "USD =", USD_to_GBP(amount), "GBP")
            elif choice == 3:
                print(amount, "USD =", USD_to_JPY(amount), "JPY")
            elif choice == 4:
                print(amount, "USD =", USD_to_CAD(amount), "CAD")
```

练习 28.1.5　求正整数的平均值

完成以下任务：

（1）编写一个名为 test_integer 的子程序，该子程序通过形参列表接收一个数值，并在传递的数值为整数时返回 True，否则，必须返回 False。

（2）使用上面提到的子程序，编写一个 Python 程序，让用户反复输入整数值，直到输入一个实数。最后，程序必须显示输入的正整数的平均值。

解答

此程序需要使用一个 while 结构，但是为了让您的程序没有逻辑错误，您应该遵循第 21.3 节中讨论的"终极"规则。根据该规则，解决这个问题的 while 结构应该如下所示：

```
x = float(input())                      #Initialization of x
while test_integer(x) == True:          #A Boolean expression dependent on x

    #Here goes
    #a statement or block of statements

x = float(input())                      #Update/alteration of x
```

最终的解决方案如下：

file_28_1_5

```python
def test_integer(number):
    if number == int(number):
        return True
    else:
        return False

#Main code starts here
total = 0
count = 0
x = float(input())
while test_integer(x) == True:
    if x > 0:
        total += x
        count += 1
    x = float(input())

if count > 0:
    print(total / count)
```

提示

请注意最后一个决策结构，即 if count > 0，如果用户从一开始就输入了一个实数，那么变量 count 最终将包含一个零值。因此，您需要这个决策结构避免除零错误。

练习 28.1.6　掷，掷，掷骰子！

完成以下任务：

（1）编写一个名为 dice 的子程序，该子程序返回 1 ~ 6 的随机整数。

（2）编写一个名为 search_and_count 的子程序，该子程序通过形参列表接收一个整数和一个列表，并返回该整数在列表中存在的次数。

（3）使用上面提到的子程序，编写一个 Python 程序，使用 100 个随机整数 (1 ~ 6) 填充一个列表，然后让用户输入一个整数。程序必须确定并显示给定整数在列表中存在多少次。

解答

两个子程序都返回一个值。dice() 函数返回一个 1 ~ 6 的随机整数。函数 search_and_count() 返回一个整数，表示一个给定的整数在列表中存在的次数。解决方案如下。

file_28_1_6

```python
import random
ELEMENTS = 100

def dice():
```

```
        return random.randrange(1, 7)

def search_and_count(x, a):
    count = 0
    for i in range(ELEMENTS):
        if a[i] == x:
            count += 1
    return count

#Main code starts here
a = [None] * ELEMENTS

#Fill the list with random values
for i in range(ELEMENTS):
    a[i] = dice()

x = int(input())
print("Given value exists in the list")
print(search_and_count(x, a), "times")
```

■ 28.2 巩固练习

完成以下练习：

1. 完成以下任务：

（1）编写一个名为 kelvin_to_Fahrenheit 的子程序，通过其形参列表接收一个开尔文温度，然后返回等价的华氏温度。

（2）编写一个名为 kelvin_to_Celsius 的子程序，通过其形参列表接收一个开尔文温度，然后返回等价的摄氏度。

（3）使用上面提到的子程序，编写一个 Python 程序，提示用户使用开尔文温度单位输入温度，然后显示等价的华氏温度和摄氏度。

已知：

$$华氏温度 = 1.8 \times 开尔文温度 - 459.67$$

和

$$摄氏温度 = 开尔文温度 - 273.15$$

2. 完成以下任务：

（1）编写一个名为 num_of_days 的子程序，通过它的形参列表接收一个月份 (1 ~ 12)，然后返回当月的天数。无需考虑闰年，只需假定 2 月份有 28 天。

（2）使用上面提到的子程序，编写一个 Python 程序，提示用户输入两个月份 (1 ~ 12)。然后程序计算并显示第一个月的第一天和第二个月的最后一天之间的总天数。

3. 在一个电脑游戏中，玩家掷两个骰子。骰子总点数多的玩家得一分。掷 10 次后，得分最多的选手获胜。完成以下任务：

（1）编写一个名为 dice 的子程序，该子程序返回 1 到 6 之间的随机整数。

（2）使用上面提到的子程序，编写一个 Python 程序，提示两个玩家输入各自的名字，然后每个玩家连续"掷"两个骰子。该过程重复 10 次，得分最多的玩家获胜。

4. 身体质量指数 (BMI) 通常用来确定一个人对于其身高而言偏胖或偏瘦。BMI 计算公式如下：

$$BMI = \frac{体重 \cdot 703}{身高^2}$$

完成以下任务：

（1）编写一个名为 bmi 的子程序，通过它的形参列表接收一个体重和一个身高，然后根据下表显示一条消息。

BMI	消息
BMI<16	您必须增重
16 ≤ BMI<18.5	您应该增重一些
18.5 ≤ BMI<25	请保持体重
25 ≤ BMI<30	您应该减肥
30 ≤ BMI	您必须减肥

（2）使用上面提到的子程序，编写一个 Python 程序，提示用户输入他或她的体重（磅）、年龄（岁）和身高（英寸），然后显示相应的消息。此外，当用户输入小于 18 的年龄值时，程序必须显示一条错误消息。

5. LAV 汽车租赁公司租用了 40 辆汽车，其中包括混合动力汽车、汽油车和柴油车。下表是公司对一辆汽车的租赁收费情况。

天数	汽车类型		
	汽油车	柴油车	混合动力汽车
1 ~ 5	$24 一天	$28 一天	$30 一天
6 天以上	$22 一天	$25 一天	$28 一天

完成以下任务：

（1）编写一个名为 get_choice 的子程序，显示如下菜单：

1. Gas

2. Diesel

3. Hybrid

（2）编写一个名为 get_days 的子程序，提示用户输入租赁的总天数，并将其返回给调用者。

（3）编写一个名为 get_charge 的子程序，该子程序通过形参列表接收汽车的类型 (1、2 或 3) 和租赁的总天数，然后根据上面的表格返回需支付的租金。

（4）使用上面提到的子程序，编写一个 Python 程序，提示用户输入关于租车的所有必要信息，然后显示以下内容：

1. 每辆车需支付的租金。

2. 混合动力汽车出租的总数目。

3. 公司获得的总利润。

第 29 章　面向对象编程

■ 29.1　什么是面向对象编程

在第 27 章中，您阅读的甚至编写的所有程序都使用了子程序（函数）。这种编程风格被称为过程式编程，很多情况下这种编程风格是适合的。然而当面临编写大型程序或在 Microsoft、Facebook 以及 Google 这样的大公司工作时，则须使用面向对象编程风格。

面向对象编程，通常被称为 OOP，是一种聚焦于对象的编程风格。在 OOP 中，您可以将数据和功能组合在一起，并将它们包围在称为对象的东西内。使用面向对象编程技术可以让您更轻松地维护您的代码，而且可以编写出让其他人轻松使用的代码。

但是，"OOP 聚焦于对象"这句话究竟有何含义？让我们看看现实世界中的一个例子。想象有一辆汽车。您如何描述一辆特定的汽车？它有一些属性，如品牌、型号、颜色和车牌。此外，

这辆车可以执行或被执行一些操作。例如，某人可以启动或关掉它，可以加速或刹车，或者停车。

在 OOP 中，这辆车可以是一个对象，它具有特定属性（通常称为字段），执行特定动作（称为方法）。

很明显，您现在可能会问自己："首先我怎样才能创建对象？"答案很简单！您只需要一个类。一个类就像一枚"橡皮图章"！在图 29-1 中，有一枚图章（这就是类），它有 4 个空字段。

使用这枚图章的人可以印出许多汽车（这些汽车就是对象）。例如，在图 29-2 中，一个小男孩印出了两辆车，然后给它们涂上颜色，并且用特定的属性填充每辆车的字段。

图 29-1　一个类就像一个"橡皮图章"

图 29-2　您可以用同样的橡皮图章作为模板印出许多汽车

提示

创建一个新对象（类的实例）的过程称为"实例化"。

提示

类是一个模板，每个对象都是根据类创建的。每个类都应该被设计用于执行一个且只有一个任务！这就是通常在构建整个应用程序时不止使用一个类的原因！

提示

在 OOP 中，橡皮图章就是类。您可以使用相同的类作为模板创建（实例化）多个对象。

■ 29.2 Python 中的类和对象

现在您已经了解关于类和对象的一些理论知识，让我们看看如何在 Python 中编写一个真正的类！下面的代码片段创建了类 Car，其中有 4 个字段和 3 个方法。

```python
class Car:
    #Define four fields
    brand = ""
    model = ""
    color = ""
    license_plate = ""

    #Define method turn_on()
    def turn_on(self):
        print("The car turns on")

    #Define method turn_off()
    def turn_off(self):
        print("The car turns off")

    #Define method accelerate()
    def accelerate(self):
        print("The car accelerates")
```

是的，没错，类中的字段和方法分别是普通的变量和子程序（这里是函数）!

提示

类 Car 只是一个模板。还没有创建任何对象！

提示

对象只不过是类的实例，这就是为什么它多次被称为"类实例"或"类对象"的原因。

提示

目前无需纠结关键字 self 的含义，第 29.3 节会详细予以解释。

要创建两个对象（或者换句话说，创建类 Car 的两个实例），需要执行下面的两行代码：

```
car1 = Car()
car2 = Car()
```

请记住！当您创建一个新的对象（类的一个新实例）时，该过程被称为"实例化"。

现在，您已经创建（实例化）两个对象，可以将值赋给它们的字段。要做到这一点，您必须使用点号，这意味着您必须写下对象的名字，后面跟着一个点，然后是您想要访问的字段或方法的名称。下面的代码片段创建两个对象 car1 和 car2，并为其字段赋值。

```
car1 = Car()
car2 = Car()

car1.brand = "Mazda"
car1.model = "6"
car1.color = "Gray"
car1.license_plate = "AB1234"

car2.brand = "Ford"
car2.model = "Focus"
car2.color = "Blue"
car2.license_plate = "XY9876"

print(car1.brand)          #It displays: Mazda
print(car2.brand)          #It displays: Ford
```

提示

在上例中，car1 和 car2 是同一个类的两个实例。使用带点号的 car1 和 car2 可以一次仅引用一个实例。如果对一个实例进行任何更改，并不会影响任何其他实例。

下面的代码片段分别调用对象 car1 的 turn_off() 方法和 car2 的 accelerate() 方法。

```
car1.turn_off()
car2.accelerate()
```

请记住！类是一个模板不能被执行，然而类的实例即对象可以被执行。

请记住！一个类可以根据您的需要被用来创建（实例化）多个对象。

■ 29.3 构造方法和关键字 self

在 Python 中，有一个具有特殊角色的方法名，这就是 __init__() 方法。__init__() 方法（称为 "构造方法"）在创建类的实例（对象）时自动执行。在这个方法内可以完成任何您希望的对象初始化操作。

看看下面的例子。方法 __init__() 会被自动调用两次，一次是创建对象 p1 时，一次是创建对象 p2 时。

提示

请注意，__init__() 开头有双下画线，末尾也有双下画线。

file_29_3a

```
class Person:
    def __init__(self):
        print("An object was created")

p1 = Person()      #Create object p1
p2 = Person()      #Create object p2
```

正如您可能已经注意到的，在 __init__() 方法的形参列表中，有一个名为 self 的参数。那么，这个关键字是什么？关键字 self 只不过是对一个对象本身的引用！看看下面的例子。

file_29_3b

```
class Person:
    name = None
    age = None

    def say_info(self):
        print("I am", self.name)
        print("I am", self.age, "years old")

#Main code starts here
person1 = Person()
person1.name = "John"
person1.age = 14
```

```
person1.say_info()    #Call the method say_info() of the object person1
```

尽管在调用方法 say_info() 时，语句 person1.say_info() 中没有实参，但在定义方法的语句 def say_info(self) 中存在一个形参（关键字 self）。显然，如果这个调用是以 person1.say_info(person1) 的形式进行将会"更加正确"。用这种方式写，也会更好理解！这个实参 person1 将被传递（赋值）给形参 self！是的，这可能是"更正确"的，但请牢记，Python 是一种"少写，多做"的语言！因此您不需要传递对象本身。Python 会为您做到这一点！

> **提示**
>
> 如果您不记得什么是形参和实参，请重新阅读第 27.5 节。

> **提示**
>
> 请注意当在方法外（但在类中）声明字段 name 和 age 时，不要为字段名加点号。但当从一个方法内访问字段时，您必须使用点号（例如：self.name 和 self.age）。

也许在您的大脑中萦绕着一个问题："为什么要在方法 say_info() 中以 self.name 和 self.age 的方式引用 name 和 age？真的有必要在它们之前使用关键字 self 吗？"一个简单的答案是，在方法中可能有两个额外的同名的（name 和 age）局部变量。因此您需要一种方法来区分这些局部变量和对象的字段。如果您感到困惑，请尝试理解下面的示例。类 MyClass 中有一个字段 b，类的方法 myMethod() 中有一个局部变量 b。self 关键字用于区分局部变量和字段。

file_29_3c

```
class MyClass:
    b = None    #This is a field

    def myMethod(self):
        b = "***"     #This is a local variable
        print(b, self.b, b)

#Main code starts here
x = MyClass()
```

```
x.b = "Hello!"
x.myMethod()        #It displays: *** Hello! ***
```

提示

关键字 self 可以用于在类的方法中引用类的任何成员（字段或方法）。

■ 29.4 将初始值传递给构造方法

任何方法，包括构造方法 __init __()，都可以在其形参列表中包含形参。例如，您可以使用这些参数在对象创建过程中将初始值传递给构造方法。下面的例子创建了 4 个对象，每个对象代表希腊神话中的一个 Titan①。

file_29_4a

```
class Titan:
    name = None
    gender  = None

    def __init__(self, n, g):
        self.name = n
        self.gender = g

#Main code starts here
titan1 = Titan("Cronus", "male")
titan2 = Titan("Oceanus", "male")
titan3 = Titan("Rhea", "female")
titan4 = Titan("Phoebe", "female")
```

提示

请注意，即使在构造方法中有三个形参，在调用构造方法的语句中也只有两个实参。由于 Python 是"多做，少写"的计算机语言，所以不需要传递对象本身。Python 会为您做到这一点。

---

① 在希腊神话中，Titans 和 Titanesses 是 Uranus 和 Gaea 的孩子。他们是统治传奇的黄金时代（在 Olympian 众神之前）的巨神。男性 Titans 包括 Coeus、Oceanus、Crius、Cronus、Hyperion 和 Iapetus，女性 Titanesses 包括 Tethys、Mnemosyne、Themis、Theia、Rhea 和 Phoebe。在一场被称为 Titanomachy 的战争（为了争夺哪一代神将统治宇宙）中，最终 Olympians 战胜了 Titans！

在 Python 中，一个字段和一个局部变量（甚至一个方法参数）具有相同的名称是合法的。所以，类 Titan 也可以编写如下：

file_29_4b

```python
class Titan:
    name = None
    gender = None
    def __init__(self, name, gender ):
        self.name = name    #fields and arguments can have the same name
        self.gender = gender
```

变量 name 和 gender 是用于将值传递给构造方法的参数，而 self.name 和 self.gender 是用于在对象内存储值的字段。

最后但同样重要的一点，在 Python 中，您可以进一步简化类 Titan。下面的例子使用了类 Titan 的简化版本。

file_29_4c

```python
class Titan:
    def __init__(self, name, gender):
        self.name = name
        self.gender = gender

#Main code starts here
titan1 = Titan("Cronus", "male")
titan2 = Titan("Oceanus", "male")
titan3 = Titan("Rhea", "female")
titan4 = Titan("Phoebe", "female")

print(titan1.name, "-", titan1.gender)
print(titan2.name, "-", titan2.gender)
print(titan3.name, "-", titan3.gender)
print(titan4.name, "-", titan4.gender)
```

■ 29.5 类变量和实例变量

在这之前，您已经了解了在构造方法之外声明字段是可以的，如下面的程序所示：

```python
class HistoryEvents:
    day = None    #This field is declared outside of the constructor
                  #It is called "class field"
    def __init__(self):
        print("Object Instantiation")

#Main code starts here
h1 = HistoryEvents()
```

```
h1.day = "4th of July"

h2 = HistoryEvents()
h2.day = "28th of October"

print(h1.day)
print(h2.day)
```

您还了解到，可以重写此代码在构造方法中声明该字段，如下所示。

```
class HistoryEvents:
    def __init__(self, day):
        print("Object Intantiation")
        self.day = day    #This field is declared inside the constructor
                          #It is called "instance field"

#Main code starts here
h1 = HistoryEvents("4th of July")
h2 = HistoryEvents("28th of October")

print(h1.day)
print(h2.day)
```

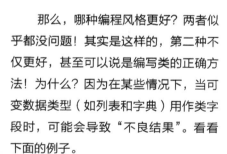

提示

当在构造方法外部声明字段时，字段被称为"类字段"，在构造方法内部声明的字段称为"实例字段"。

那么，哪种编程风格更好？两者似乎都没问题！其实是这样的，第二种不仅更好，甚至可以说是编写类的正确方法！为什么？因为在某些情况下，当可变数据类型（如列表和字典）用作类字段时，可能会导致"不良结果"。看看下面的例子。

提示

类字段被类的所有实例共享，而实例字段对于每个实例都是唯一的。

```
class HistoryEvents:
    events = []    #Class field shared by all instances

    def __init__(self, day):
        self.day = day    #Instance field unique to each instance

#Main code starts here
```

```
h1 = HistoryEvents("4th of July")
h1.events.append("1776: Declaration of Independence in United States ")
h1.events.append("1810: French troops occupy Amsterdam")

h2 = HistoryEvents("28th of October")
h2.events.append("969: Byzantine troops occupy Antioch")
h2.events.append("1940: Ohi Day in Greece")

print(h1.events)
```

您可能预料最后的 print() 语句仅显示 7 月 4 日发生的两个事件。您的想法没有错，但输出结果证明您错了！最后的 print() 语句显示了 4 个事件，如图 29-3 所示。

```
Python 3.6.0 Shell
File  Edit  Shell  Debug  Options  Window  Help
Python 3.6.0 (v3.6.0:41df79263a11, Dec 23 2016, 07:18:10) [MSC v
.1900 32 bit (Intel)] on win32
Type "copyright", "credits" or "license()" for more information.
>>>
========== RESTART: C:/Users/root/Desktop/test.py ============
['1776: Declaration of Independence in United States ', '1810: F
rench troops occupy Amsterdam', '969: Byzantine troops occupy An
tioch', '1940: Ohi Day in Greece']
>>>
                                                                Ln: 6  Col: 4
```

图 29-3　当可变数据类型被用作类字段时，可能会产生不希望的结果

列表 events 是一种可变数据类型。在 Python 中，永远不要将可变数据类型用作类字段，因为会产生不希望的结果。

下一个例子是之前例子的正确版本。

提示

一般来说，您必须尽可能少地使用类字段！类字段越少越好。

file_29_5

```
class HistoryEvents:
    def __init__(self, day):
        self.day = day      #Instance field unique to each instance
        self.events = []    #Instance field unique to each instance

#Main code starts here
h1 = HistoryEvents("4th of July")
h1.events.append("1776: Declaration of Independence in United States ")
h1.events.append("1810: French troops occupy Amsterdam")

h2 = HistoryEvents("28th of October")
h2.events.append("969: Byzantine troops occupy Antioch")
h2.events.append("1940: Ohi Day in Greece")

print(h1.events)
```

■ 29.6 Getter、Setter 方法与属性

字段是直接在类中声明的变量。然而，面向对象编程的准则宣称一个类的数据应该被隐藏起来防止被意外地更改。想想有一天您可能会编写给其他程序员使用的类。您并不想让他们知道类里有什么！您的类的内部操作应该对外界隐藏。通过不暴露字段，可以隐藏类的内部实现。字段应该保持类的私有性，外界通过 get 和 set 方法访问它们。

> **提示**
>
> 通常来说，程序员应该将类的字段设置为私有或受保护的。在 Java 或 C # 中，可以使用专门的关键字将字段设置为私有或受保护的。

我们尝试通过一个例子理解所有的新知识。假设您编写如下的类，将华氏温度转换成相应的摄氏温度。

file_29_6a

```
class FahrenheitToCelsius:
    def __init__(self, value):
        self.temperature = value

    def get_temperature(self):
        return 5.0 / 9.0 * (self.temperature - 32.0)

#Main code starts here
x = FahrenheitToCelsius(-68)
print(x.get_temperature())
```

这个类几乎是完美的，但有一个主要的缺点。它没有考虑到温度不能低于 -459.67 ℉（-273.15℃）。这个温度被称为绝对零度。因此，对物理学一无所知的新手程序员可能会将 -500 ℉的值传递给构造方法，如下面的代码片段所示：

```
x = FahrenheitToCelsius(-500)
print(x.get_temperature())
```

即便如此，程序运行良好，显示值为 -295.55℃，遗憾的是，这个温度不存在！这个类的一个稍微不同的版本可以部分地解决该问题。

file_29_6b

```
class FahrenheitToCelsius:
    def __init__(self, value):
        self.set_temperature(value)
```

```
    def get_temperature(self):
        return 5.0 / 9.0 * (self.temperature - 32.0)

    def set_temperature(self, value):
        if value >= -459.67:
            self.temperature = value
        else:
            raise ValueError("There is no temperature below -459.67")

#Main code starts here
x = FahrenheitToCelsius(-50)
print(x.get_temperature())
```

这一次，我们使用名为set_temperature()的方法设置字段temperature的值。这样好一些，但不完美，因为程序员必须小心谨慎，每当希望更改字段 temperature 的值时都要记得使用方法 set_temperature()。问题就在于字段 temperature 的值仍然可以通过其名称直接更改，如以下代码片段所示：

```
x = FahrenheitToCelsius(-50)
print(x.get_temperature())

x.set_temperature(-50)      #This is okay!
print(x.get_temperature())

x.temperature = -500         #Unfortunately, this is still permitted!
print(x.get_temperature())
```

这个时候就应该使用属性！属性是一个类成员，它为读取、写入或计算我们希望保持私有的字段的值提供了一种灵活的机制。属性提供了对字段的公开访问，同时隐藏其内部实现！

file_29_6c

```
class FahrenheitToCelsius:
    def __init__(self, value):
        self.set_temperature(value)

    def get_temperature(self):
        return 5.0 / 9 * (self._temperature - 32)

    def set_temperature(self, value):
        if value >= -459.67:
            self._temperature = value
        else:
            raise ValueError("There is no temperature below -459.67")

    #Define a property
    temperature = property(get_temperature, set_temperature)
```

```
#Main code starts here
x = FahrenheitToCelsius(-50)

print(x.temperature)          #This calls the method get_temperature()

x.temperature = -500          #This calls the method set_temperature()
                              #and throws an error

print(x.temperature)          #This calls the method get_temperature()
```

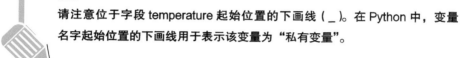

提示

请注意位于字段 temperature 起始位置的下画线（ _ ）。在 Python 中，变量名字起始位置的下画线用于表示该变量为"私有变量"。

那么，语句 temperature = property(get_temperature，set_temperature) 又有什么作用呢？当一条语句尝试访问属性 temperature 的值时，将自动调用 get_temperature() 方法，同样地，当语句尝试将值赋给属性 temperature 时，将自动调用 set_temperature() 方法！所以，现在一切都可以了！但是，真的可以了吗？还可以做最后一件事情让情况变得更好！我们可以彻底消除对 get_temperature() 和 set_temperature() 方法的调用。为什么需要这样做？答案很简单，我们并不希望同时存在两种访问 temperature 的值的方式，如以下代码片段所示：

```
x = FahrenheitToCelsius(0)

#There are still two ways to access the value of the field temperature
x.set_temperature(-100)
x.temperature = -100
```

为了完全摆脱 get_temperature() 和 set_temperature() 方法，可以使用一些 Python 支持的装饰器。

```
                        file_29_6d
class FahrenheitToCelsius:
    def __init__(self, value):
        self.temperature = value    #This calls the setter

    #Use a decorator to define the getter
    @property
    def temperature(self):
        return 5.0 / 9 * (self._temperature - 32)

    #Use a decorator to define the setter
    @temperature.setter
```

```
    def temperature(self, value):
        if value >= -459.67:
            self._temperature = value
        else:
            raise ValueError("There is no temperature below -459.67")

#Main code starts here
x = FahrenheitToCelsius(-50)   #This calls the constructor which, in turn,
                               #calls the setter.
print(x.temperature)           #This calls the getter .

x.temperature = -60            #This calls the setter.
print(x.temperature)           #This calls the getter.

x.temperature = -500           #This calls the setter and throws an error

print(x.temperature)           #This is never executed. The flow of execution
                               #is stopped due to the previous statement.
```

提示

请注意这两个方法和字段共享同样的名称，即 temperature。

提示

装饰器是一个函数，它接受另一个函数作为参数，并返回该函数的一个更精巧的新版本。装饰器允许我们在不更改函数的主体的前提下更改函数的行为或扩展函数的功能。

练习 29.6.1　罗马数字

罗马数字如下表所示：

数字	罗马数字
1	I
2	II
3	III
4	IV
5	V

完成以下任务：

（1）编写一个名为 Romans 的类，其中包含：

a. 一个构造方法和一个名为 number 的私有字段。

b. 一个名为 number 的属性，用于获取和设置整数格式的私有字段 number 值。当无法识别该数字时，setter 必须抛出异常。

c. 一个名为 roman 的属性，用于获取和设置罗马数字格式的私有字段 number 值，当无法识别罗马数字时，setter 必须抛出异常。

（2）使用上面所述的类，编写一个 Python 程序，显示对应于数字 3 的罗马数字以及对应于罗马数字"V"的数字。

解答

属性 number 的 getter 和 setter 非常简单，没有什么需要特别解释的。然而，属性 roman 的 getter 和 setter 需要进行一些解释。

属性 roman 的 getter 可以编写如下：

```
#Define the getter
@property
def roman(self):
    if self._number == 1
        return "I"
    elif self._number == 2
        return "II"
    elif self._number == 3
        return "III"
    elif self._number == 4
        return "IV"
    elif self._number == 5
        return "V"
```

虽然这种方法非常简单，但它很冗长。如果我们希望扩展程序使其能够处理更多的罗马数字，代码会变得更长。由于我们现在对字典的了解比较多，所以可以使用更好的办法，如以下代码片段所示。

```
#Define the getter
@property
def roman(self):
    number2roman = {1:"I", 2:"II", 3:"III", 4:"IV", 5:"V"}
    return number2roman[self._number]
```

因此，setter 可以编写如下：

```
#Define the setter
@roman.setter
    def roman(self, value):
```

```
    roman2number = {"I":1, "II":2, "III":3, "IV":4, "V":5}
    if value in roman2number:
        self._number = roman2number[value]
    else:
        raise ValueError("Roman numeral not recognized")
```

最终的 Python 程序如下所示：

file_29_6_1

```
class Romans:

    def __init__(self):
        self._number = None #Private field. It does not call the setter!

    #Define the getter
    @property
    def number(self):
        return self._number

    #Define the setter
    @number.setter
    def number(self, value):
        if value >=1 and value <= 5:
            self._number = value
        else:
            raise ValueError("Number not recognized")

    #Define the getter
    @property
    def roman(self):
        number2roman = {1:"I", 2:"II", 3:"III", 4:"IV", 5:"V"}
        return number2roman[self._number]

    #Define the setter
    @roman.setter
    def roman(self, value):
        roman2number = {"I":1, "II":2, "III":3, "IV":4, "V":5}
        if value in roman2number:
            self._number = roman2number[value]
        else:
            raise ValueError("Roman numeral not recognized")

#Main code starts here
x = Romans()

x.number = 3
```

```
print(x.number)        #It displays: 3
print(x.roman)         #It displays: III

x.roman = "V"
print(x.number)        #It displays: 5
print(x.roman)         #It displays: V
```

■ 29.7 一个方法可以调用同一个类内的另一个方法吗

在第 27.8 节中，您了解到一个子程序可以调用另一个子程序。显然，在涉及方法时也是如此。一个方法可以调用同一个类内的另一个方法！方法毕竟不过是子程序！所以，如果您希望一个方法调用同一个类里的另一个方法，应该在希望调用的方法前面使用关键字 self（使用点号），如下面的例子所示。

```
                        file_29_7
class JustAClass:
    def foo1(self):
        print("foo1 was called")
        self.foo2()        #Call foo2() using dot notation

    def foo2(self):
        print("foo2 was called")

#Main code starts here
x = JustAClass()
x.foo1()    #Call foo1() which, in turn, will call foo2()
```

练习 29.7.1 运算

执行以下操作：

（1）编写一个名为 DoingMath 的类，其中包括以下内容：

a. 一个名为 square 的方法，通过其形参列表接收一个数字，然后计算它的平方并显示消息"The square of ...is..."

b. 一个名为 square_root 的方法，通过它的形参列表接收一个数字，然后计算其平方根并显示消息"The square root of ...is..."。但是，如果数字小于 0，则该方法必须显示一条错误消息。

c. 一个名为 display_results 的方法，通过它的形参列表接收一个数字，然后调用方法 square() 和 square_root() 显示结果。

（2）使用上面提到的类，编写一个 Python 程序，提示用户输入一个数字。然后程序显示该数字的平方和平方根。

解答

这个练习很简单。方法 square()、square_root() 和 display_results() 的形参列表中必须有一个形参，以便接受传递的值。解决方法如下：

```
                              file_29_7_1
import math

class DoingMath:
    def square(self, x):              #argument x accepts passed value
        print("The square of", x, "is", x * x)

    def square_root(self, x):         #argument x accepts passed value
        if x < 0:
            print("Cannot calculate square root")
        else:
            print("Square root of", x, "is", math.sqrt(x))

    def display_results(self, x):     #argument x accepts passed value
        self.square(x)
        self.square_root(x)

#Main code starts here
dm = DoingMath()

b = float(input("Enter a number: "))
dm.display_results(b)
```

■ 29.8 类继承

类继承是 OOP 的主要概念之一。它可以让您使用另一个类作为基础编写一个类。当一个类基于另一个类时，程序员习惯说"它继承了另一个类"。被继承的类称为父类、基类或超类。继承的类称为子类或派生类。

子类会自动继承父类的所有方法和字段。不过最妙的在于您可以向子类添加其他特征（方法或字段）。因此，当您需要几个不完全相同但具有许多共同特征的类时，可以使用继承。要做到这一点，您可以如下操作。首先，编写一个包含所有常见特征的父类。其次，编写继承父类所有这些共同特征的子类。最后，为每个子类添加其他特征。毕竟，这些额外的特征正是子类有别于父类的地方！

假设您希望编写一个管理学校教师和学生的程序。他们有一些共同的特征，比如姓名和年龄，但他们也有一些独有的特征，例如教师的薪水和学生的成绩。在这里，您可以编写一个名为 SchoolMember 的父类，它包含所有教师和学生共同的特征。然后，您可以编写两个名为

Teacher 和 Student 的子类，一个用于管理教师信息，另一个用于管理学生信息。两个子类分别继承 SchoolMember 类，同时必须将相应的附加字段（即 salary 和 grades）分别添加到子类 Teacher 和 Student 中。

父类 SchoolMember 如下所示：

```
class SchoolMember:
    def __init__(self, name, age):
        self.name = name
        self.age = age
        print("A school member was initialized")
```

如果您希望一个类继承 SchoolMember 类，它必须按以下方式定义：

```
class Name(SchoolMember):
    def __init__(self, name, age [, …]):
        SchoolMember.__init__(self, name, age) #It calls the constructor of
                                               #the class SchoolMember
        # A statement or block of statements
```

其中 Name 是子类的名称。

因此，Teacher 类可以编写如下：

```
class Teacher(SchoolMember):
    def __init__(self, name, age, salary):
        SchoolMember.__init__(self, name, age) #It calls the constructor of
                                               #the class SchoolMember

        self.salary = salary #This is a specific field for class Teacher
        print("A teacher was initialized")
```

类似地，Student 类可以编写如下：

```
class Student(SchoolMember):
    def __init__(self, name, age, grades):
        SchoolMember.__init__(self, name, age) #It calls the constructor of
                                               #the class SchoolMember

        self.grades = grades #This is a specific field for class Student
        print("A student was initialized")
```

提示

语句 SchoolMember.__init__(self, name, age) 调用 SchoolMember 类的构造方法对 Student 类继承得到的字段 name 和 age 进行初始化。

完整的 Python 程序如下所示。请注意，对每个字段都提供了 getter 和 setter 方法。

```python
class SchoolMember:
    def __init__(self, name, age):
        self.name = name
        self.age = age
        print("A school member was initialized")

    @property
    def name(self):
        return self._name

    @name.setter
    def name(self, value):
        if value != "":
            self._name = value
        else:
            raise ValueError("Name cannot be empty")

    @property
    def age(self):
        return self._age

    @age.setter
    def age(self, value):
        if value > 0:
            self._age = value
        else:
            raise ValueError("Age cannot be negative or zero")

class Teacher(SchoolMember):
    def __init__(self, name, age, salary):
        SchoolMember.__init__(self, name, age)
        self.salary = salary
        print("A teacher was initialized")

    @property
    def salary(self):
        return self._salary

    @salary.setter
    def salary(self, value):
        if value >= 0:
            self._salary = value
        else:
```

```
            raise ValueError("Salary cannot be negative")

class Student(SchoolMember):
    def __init__(self, name, age, grades):
        SchoolMember.__init__(self, name, age)
        self.grades = grades
        print("A student was initialized")

    @property
    def grades(self):
        return self._grades

    @grades.setter
    def grades(self, values):
        #values is a list.
        #Check if negative grade exists in values
        negative_found = False
        for value in values:
            if value < 0:
                negative_found = True

        if negative_found == False:
            self._grades = values
        else:
            raise ValueError("Grades cannot be negative")

#Main code starts here
teacher1 = Teacher("Mr. John Scott", 43, 35000)
teacher2 = Teacher("Mrs. Ann Carter", 5, 32000)

student1 = Student("Peter Nelson", 14, [90, 95, 92])
student2 = Student("Helen Morgan" , 13, [92, 97, 94])

print(teacher1.name)
print(teacher1.age)
print(teacher1.salary)

print(student1.name)
print(student1.age)
print(student1.grades)
```

■ 29.9 复习题：判断对错

判断以下语句的真假。

1. 在编写大型程序时，过程式编程比面向对象编程更适用。

2. 面向对象编程聚焦于对象。

3. 对象结合了数据和功能。

4. 面向对象编程让您可以更轻松地维护您的代码，但您的代码不能被其他人轻松地使用。

5. 您可以创建一个对象而不使用类。

6. 创建类的新实例过程称为"安装（installation）"。

7. 在 OOP 中，同一个类必须至少创建两个实例。

8. 实例化对象时会执行 __init__() 方法。

9. 当您创建同一个类的两个实例时，该类的 __init__() 方法将被执行两次。

10. 当一个字段在构造方法之外声明时，称为"实例字段"。

11. 类字段由类的所有实例共享。

12. 根据面向对象编程原则，类的数据应该被隐藏起来以免被意外更改。

13. 属性是一种类成员，为读取、写入或计算字段的值提供了一种灵活的机制。

14. 属性暴露了一个类的内部实现。

15. 类继承是 OOP 的主要概念之一。

16. 当一个类被继承时，它被称为"派生类"。

17. 父类自动继承子类的所有方法和字段。

■ 29.10 巩固练习

完成以下练习：

1. 执行以下操作：

（1）编写一个名为 Trigonometry 的类，其中包含：

a. 一个名为 square_area 的方法，通过形参列表接收正方形的边长，然后计算并返回其面积。

b. 一个名为 rectangle_area 的方法，通过形参列表接收矩形的底和高的长度，然后计算并返回其面积。

c. 一个名为 triangle_area 的方法，通过形参列表接收三角形的底和高的长度，然后计算并返回其面积。已知：

$$面积 = \frac{底 \times 高}{2}$$

（2）使用上面所述的类，编写一个 Python 程序，提示用户输入矩形的边长、平行四边形的底和高的长度以及三角形的底和高的长度，然后显示它们的面积。

2. 执行以下操作：

（1）编写一个名为 Pet 的类，其中包含：

a. 一个构造方法

b. 一个名为 kind 的实例字段

c. 一个名为 legs_number 的实例字段

d. 一个名为 start_running 的方法，显示消息"Pet is running"

e. 一个名为 stop_running 的方法，显示消息"Pet stopped"

（2）编写一个 Python 程序，创建 Pet 类的两个实例（例如一只狗和一只猴子），然后调用它们的一些方法。

3. 执行以下操作：

（1）在前面练习的 Pet 类中

a. 修改构造方法，通过其形参列表接收实例字段 kind 和 legs_number 的初始值。

b. 添加一个名为 kind 的属性，用于获取和设置私有字段 kind 的值。当字段被设置为空值时，setter 必须引发一个异常。

c. 添加一个名为 legs_number 的属性，用于获取和设置私有字段 legs_number 的值。当字段被设置为负值时，setter 必须抛出异常。

（2）编写一个 Python 程序，创建 Pet 类的一个实例（例如一只狗），然后调用它的两个方法。尝试为字段 kind 和 legs_number 设置错误的值，观察会发生什么。

4. 执行以下操作：

（1）编写一个名为 Box 的类，其中包含：

a. 一个构造方法，通过形参列表接收 3 个分别名为 width、length 和 height 的实例字段的初始值。

b. 一个名为 display_volume 的方法，用于计算和显示尺寸为 width、length 和 height 的箱子的体积。已知：

$$体积 = 宽度 \times 长度 \times 高度$$

c. 一个名为 display_dimensions 的方法，用于显示箱子的尺寸。

（2）使用上述的类，编写一个 Python 程序，提示用户输入 3 个箱子的尺寸，然后显示它们的尺寸和体积。

5. 在上一个练习的 Box 类中添加 3 个分别名为 width、length 和 height 的属性，用于获取和设置私有字段 width、length 和 height 的值。当相应的字段被设置为负值或 0 时，setter 必须抛出异常。

6. 执行以下操作：

（1）编写一个名为 Cube 的类，其中包含：

a. 一个构造方法，通过其形参列表接收名为 edge 的实例字段的初始值。

b. 一个名为 display_volume 的方法，用于计算并显示边长为 edge 的立方体的体积。已知：

$$体积 = 边长^3$$

c. 一个名为 display_one_surface 的方法，用于计算并显示边长为 edge 的立方体一侧的表面积。

d. 一个名为 display_total_surface 的方法，用于计算并显示边长为 edge 的立方体的表面积。已知：

$$表面积 = 6 \times 边长^2$$

（2）使用上述的类，编写一个 Python 程序，提示用户输入立方体的边长，然后显示其体积、一侧的表面积及其总表面积。

7. 在上一个练习的 Cube 类中，添加一个名为 edge 的属性，用于获取和设置私有字段 edge 的值。当字段被设置为负数或 0 时，setter 必须抛出异常。

8. 执行以下操作：

（1）编写一个名为 display_name 的子程序，显示如下的菜单：

1. Enter redius

2. Display radius

3. Display diameter

4. Display area

5. Display perimeter

6. Exit

（2）编写一个名为 Circle 的类，其中包含：

a. 一个构造方法和一个名为 radius 的私有字段。

b. 一个名为 radius 的属性，用于获取和设置私有字段 radius 的值。当字段尚未设置时，getter 必须抛出异常，并且当字段被设置为负值或 0 时 setter 必须抛出异常。

c. 一个名为 get_diameter 的方法，用于计算并返回半径为 radius 的圆的直径。已知：

$$直径 = 2 \times 半径$$

d. 一个名为 get_area 的方法，用于计算并返回半径为 radius 的圆的面积。已知：

$$面积 = 3.14 \times 半径^2$$

e. 一个名为 get_perimeter 的方法，用于计算并返回半径为 radius 的圆的周长。已知：

$$周长 = 2 \times 3.14 \times 半径$$

（3）使用上述的子程序和类，编写一个 Python 程序，显示前面提到的菜单并提示用户输入一个选项（1～6）。如果选择选项 1，则程序必须提示用户输入半径。如果选择了选项 2，则程序必须显示在选项 1 中输入的半径。如果选择了选项 3、4 或 5，则程序必须显示圆的直径、面积或周长（其半径为在选项 1 中输入的半径值）。该处理过程的执行次数依用户的期望而定。

9. 假设您在一家计算机软件公司工作，该公司将创建一个文字处理器应用程序。您被指派编写一个用于向用户提供信息的类。

（1）编写一个名为 Info 的类，其中包含：

a. 一个构造方法和一个名为 user_text 的私有字段。

b. 一个名为 user_text 的属性，用于获取和设置私有字段 user_text 的值。当字段被设置为空值时，setter 必须抛出一个异常。

c. 一个名为 get_spaces_count 的方法，用于返回属性 user_text 中存在的空格总数。

d. 一个名为 get_words_count 的方法，用于返回属性 user_text 中存在的单词总数。

e. 一个名为 get_vowels_count 的方法，用于返回属性 user_text 中存在的元音字母总数。

f. 一个名为 get_letters_count 的方法，用于返回属性 user_text 中存在的字符总数（不包括空格）。

（2）使用上述的类，编写一个测试程序，提示用户输入一段文本，然后显示所有可用信息。假设用户只输入空格字符或字母（大小写不限），并且单词以单个空格字符分隔。

提示：在一段有 3 个单词的文本中存在两个空格，这意味着单词的总数比空格的总数多一个。首先计算空格总数，然后可以轻松得到单词总数！

10. 在第二次世界大战后的冷战期间，消息都会被加密，如果被敌人拦截到，在没有解密密钥的情况下，敌人无法解密信息。一个非常简单的加密算法是字母旋转。该算法将所有字母按字母表顺序"向上"移动 N 步，其中 N 为加密密钥。例如，如果加密密钥是 2，则可以通过将字母 A 替换为字母 C，将字母 B 替换为字母 D，将字母 C 替换为字母 E 等加密消息。请执行下列操作：

（1）编写一个名为 display_menu 的子程序，显示以下菜单：

1. Encryption/Decryption key

2. Encrypt a message

3. Decrypt a message

4. Exit

（2）编写一个名为 EncryptDecrypt 的类，其中包含：

a. 一个构造方法和一个名为 encr_decr_key 的私有字段

b. 一个名为 encr_decr_key 的属性，用于获取和设置私有字段 encr_decr_key 的值。当字段尚未设置值时，getter 必须抛出异常，并且 setter 必须在字段未被设置为 1 ~ 26 的值时抛出异常。

c. 一个名为 encrypt 的方法，通过其形参列表接收消息，然后返回加密的消息。

d. 一个名为 decrypt 的方法，通过其形参列表接收加密的消息，然后返回解密的消息。

（3）使用上面提到的子程序和类，编写一个 Python 程序，显示前面提到的菜单，然后提示用户输入一个选项（1 ~ 4）。如果选择选项 1，则程序必须提示用户输入加密 / 解密密钥。如果选择了选项 2，则程序必须提示用户输入消息文本，然后显示加密的消息。如果选择了选项 3，则程序必须提示用户输入加密的消息，然后显示解密的消息。该处理过程必须按照用户的意愿重复多次。假设用户只输入以小写字母和空格组成的消息文本。

■ 29.11 复习题

回答以下问题：

1. 什么是面向对象编程？

2. 什么是类的构造方法？

3. Python 中的装饰器是什么？

4. 何时必须使用点号编写字段名称？

5. 关键字 self 是什么？

6. 解释类变量和实例变量的区别。

7. 为什么在 OOP 过程中不应该暴露字段？

8. 术语"类继承"是什么意思？

扫码看视频

送给本书读者的福利就在封底刮刮卡中

每本图书的封底都有一个刮刮卡

刮刮卡一般位于页面底部居中或离定价标签较近的地方

刮开涂层可以看到一个序列号

使用该序列号即可免费解锁并观看本书中包含的所有视频

（一张刮刮卡只能和一个账号进行一次性的绑定）

卷积文化发展（上海）有限公司是从事以版权开发和版权合作为基础的、以虚拟现实、强现实、人工智能和海量数据处理等技术研发为驱动的、以付费订阅内容开发和运营为核心业务的新兴传媒公司。

卷积文化发展（上海）有限公司是人民邮电出版社在异步社区的独家IT出版服务合作伙伴。

一图

从书上直接用AR方式看视频！
只需下载"卷积"应用并扫描"一图一码"
设计中的AR触发图片，立刻就能看！

一码

PRD   001

还没有考虑好下载一个新的应用？
直接用微信扫码看视频！

关注"内容市场"公众号，
浏览所有图书和订阅内容。

一站式体验

1. 浏览图书详情   2. 进入作者主页   3. 查看作者专栏   4. 订阅精彩内容